猪常见病
防治技术

史利军　贾 红　主编

ZHU
CHANGJIANBING
FANGZHI JISHU

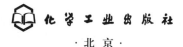

·北京·

图书在版编目（CIP）数据

猪常见病防治技术 / 史利军，贾红主编. --北京：化学工业出版社，2025.3. -- ISBN 978-7-122-47140-6

Ⅰ．S858.28

中国国家版本馆 CIP 数据核字第 2025QX8707 号

责任编辑：邵桂林
责任校对：边　涛　　　　　　装帧设计：韩　飞

出版发行：化学工业出版社
　　　　　（北京市东城区青年湖南街 13 号　邮政编码 100011）
印　　装：北京云浩印刷有限责任公司
850mm×1168mm　1/32　印张 6½　字数 163 千字
2025 年 3 月北京第 1 版第 1 次印刷

购书咨询：010-64518888　　　　售后服务：010-64518899
网　　址：http://www.cip.com.cn
凡购买本书，如有缺损质量问题，本社销售中心负责调换。

定　　价：39.80 元　　　　　　　　　　　　版权所有　违者必究

编写人员名单

主　编　史利军　贾　红
副主编　李英俊　张　迪　袁维峰　郝福星
参　编　（按姓氏笔画排序）
　　　　　王绍雄　孙立旦　刘　飞　刘　美
　　　　　宋明葛　杨飞霞　张志慧　姜一曈
　　　　　梁丽娜　唐湘仪　程芳芳　董　鹏
　　　　　温玉鑫

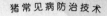

前言

· PREFACE ·

我国是全球第一大生猪生产国及猪肉消费国,生猪出栏量及猪肉消费量占全球的比重均在50%以上。猪肉在我国的饮食序列中一直占有较高的地位。近几年,养殖场(户)饲养的猪只传染性疾病频频暴发,原因除了病原体本身的致病影响,还有免疫抑制性疾病的存留,致使多种病原体传播,另外人为因素等也不可忽略。近几年,因为养殖形式、自然境况改变,病原体在多宿主间传播,导致猪疫病的类别持续变多,出现了旧疾仍旧在蔓延,新病持续发生的现象。而且,伴随规模化养殖场的数量变多与规模扩张,污染逐日加重,细菌性疫病与寄生虫病显著变多。除了感染性疾病外,猪的普通病、产科病及仔猪疾病也给养殖业造成了重大损失,不容忽视。

为使广大养殖场(户)相关人员了解常见的猪病,有效防控疾病的发生,提高生产效率,降低死亡率和淘汰率,特编写本书。本书从病原(病因)分析、流行特点、临床表现与特征、诊断及防制等方面进行介绍。全书注重与生产实践紧密结合,实用性较强,且文字简洁、通俗易懂。

本书的编者来自以下单位:中国农业科学院北京畜牧兽医研究所(史利军、贾红、袁维峰、姜一瞳),北京通和立泰生物科技有限公司(李英俊、孙立旦、张迪、王绍雄、宋明葛、杨飞霞、张志慧、梁丽娜、唐湘仪、程芳芳、温玉鑫），江苏农牧科技职业学院（郝福星），金河佑本生物制品有限公司（董鹏），北京大北农科技集团股份有限公司（刘飞），中国疾病预防控制中心（刘美）。

本书出版得到了国家重点研发计划"复制型和复制缺陷型非洲猪瘟基因缺失候选疫苗研制（2021YFD1801201）"项目经费的资助。

由于编者水平有限，加之时间仓促，书中难免存在不足之处，恳请读者批评指正。

编 者

2024年12月于北京

目 录
· CONTENTS ·

第一章 猪的传染病防治技术　　1

第一节 猪的病毒性传染病 …………………………………………… 1
一、猪瘟 ………………………………………………………………… 1
二、非洲猪瘟 …………………………………………………………… 4
三、猪圆环病毒病 ……………………………………………………… 8
四、猪口蹄疫 …………………………………………………………… 13
五、猪痘 ………………………………………………………………… 16
六、猪蓝耳病 …………………………………………………………… 19
七、猪传染性胃肠炎 …………………………………………………… 25
八、猪流行性腹泻 ……………………………………………………… 28
九、猪轮状病毒病 ……………………………………………………… 30
十、猪细小病毒病 ……………………………………………………… 33
十一、猪日本乙型脑炎 ………………………………………………… 36
十二、猪流行性感冒 …………………………………………………… 38
十三、猪伪狂犬病 ……………………………………………………… 40

第二节　猪的细菌性传染病 …………………………………… 44

　　一、猪丹毒 …………………………………………………… 44

　　二、猪链球菌病 ……………………………………………… 47

　　三、猪肺疫 …………………………………………………… 50

　　四、猪传染性胸膜肺炎 ……………………………………… 51

　　五、猪附红细胞体病 ………………………………………… 54

　　六、猪副伤寒病 ……………………………………………… 56

　　七、猪气喘病 ………………………………………………… 59

　　八、猪痢疾 …………………………………………………… 61

　　九、猪布氏杆菌病 …………………………………………… 63

第二章　猪的寄生虫病防治技术　　66

第一节　原虫病 …………………………………………………… 66

　　一、猪球虫病 ………………………………………………… 66

　　二、猪弓形虫病 ……………………………………………… 68

第二节　蠕虫病 …………………………………………………… 73

　　一、猪蛔虫病 ………………………………………………… 73

　　二、猪旋毛虫病 ……………………………………………… 78

　　三、猪囊虫病 ………………………………………………… 82

　　四、猪包虫病 ………………………………………………… 85

　　五、猪带绦虫病 ……………………………………………… 87

第三节　蜘蛛昆虫病 ……………………………………………… 89

　　一、猪疥螨病 ………………………………………………… 89

　　二、猪蠕形螨病 ……………………………………………… 91

三、猪虱病 ………………………………………………… 93

第三章 猪的普通病防治技术　　95

第一节　消化系统疾病 …………………………………… 95
　一、消化不良 …………………………………………… 95
　二、胃肠炎 ……………………………………………… 97
　三、肠便秘 …………………………………………… 101
　四、腹膜炎 …………………………………………… 104
第二节　呼吸系统疾病 ………………………………… 105
　一、感冒 ……………………………………………… 105
　二、卡他性肺炎 ……………………………………… 107
　三、纤维素性肺炎 …………………………………… 109
第三节　神经系统疾病 ………………………………… 111
　一、日射病和热射病（中暑）……………………… 111
　二、脑膜脑炎 ………………………………………… 113
第四节　营养代谢病 …………………………………… 114
　一、佝偻病（软骨病）……………………………… 114
　二、硒缺乏症 ………………………………………… 117
　三、维生素 A 缺乏症 ………………………………… 119
第五节　中毒性疾病 …………………………………… 121
　一、亚硝酸盐中毒 …………………………………… 121
　二、霉饲料中毒 ……………………………………… 124
　三、有机磷农药中毒 ………………………………… 125
　四、氟乙酰胺中毒 …………………………………… 128

第四章 猪的产科病防治技术　130

第一节　不育 …………………………………………… 130
　一、母猪断奶后乏情 …………………………………… 130
　二、子宫内膜炎 ………………………………………… 133
第二节　母猪妊娠期及产前产后疾病 ………………… 137
　一、假妊娠 ……………………………………………… 137
　二、流产 ………………………………………………… 139
　三、母猪便秘 …………………………………………… 140
　四、分娩延后 …………………………………………… 144
　五、产褥热 ……………………………………………… 145
　六、胎衣滞留 …………………………………………… 147
　七、子宫内翻及脱出 …………………………………… 149
　八、产后不食 …………………………………………… 150
　九、产后瘫痪 …………………………………………… 152
第三节　母猪泌乳障碍 ………………………………… 155
　一、产后无乳综合征 …………………………………… 155
　二、乳腺炎 ……………………………………………… 158
　三、乳房水肿 …………………………………………… 160

第五章 仔猪疾病防治技术　162

　一、初生期仔猪死亡 …………………………………… 162
　二、新生仔猪低血糖症 ………………………………… 166
　三、仔猪梭菌性肠炎 …………………………………… 169

四、新生仔猪溶血病 ……………………………………… 173

五、仔猪大肠杆菌病 ……………………………………… 175

六、猪轮状病毒病 ………………………………………… 180

七、仔猪渗出性皮炎 ……………………………………… 184

八、仔猪断奶腹泻 ………………………………………… 185

九、仔猪贫血 ……………………………………………… 188

十、僵猪 …………………………………………………… 190

参考文献 193

第一章

猪的传染病防治技术

第一节 猪的病毒性传染病

一、猪瘟

猪瘟是由黄病毒科猪瘟病毒属的猪瘟病毒引起的一种急性、发热、接触性传染病,具有高度传染性和致死性,是威胁养猪业的主要传染病之一。其特征是:急性,呈败血性变化,实质器官出血、坏死和梗死;慢性呈纤维素性坏死性肠炎,后期常有副伤寒及巴氏杆菌病继发。本病一年四季都可发生,以春夏多雨季节为多。

1. 病原

猪瘟病毒是黄病毒科瘟病毒属成员,其RNA为单股正链。病毒粒子呈圆形,大小为38~44纳米,核衣壳是立体对称二十面体,有包膜。该病毒对乙醚敏感,对温度、紫外线、化学消毒剂等抵抗力较强。

猪瘟病毒的血清型非常简单,它们的毒性在自然界中存在明显差异。猪瘟病毒划分为A、B两个群,其中A群包括经过人为培育的弱毒株,B群包括正常的毒株,还包括中毒株、低毒株以及完全无感染性的病毒。

2. 流行特点

2019年以来,我国猪瘟病毒的传播范围已经扩展到全国各个角落,而目前仍有部分地区存在病毒传播,而且病毒的传播速度也越来越快,这给仔猪带来了更大的威胁。当猪群感染猪瘟病毒后,它们的临床症状和病理改变往往不是特别明显,而是呈现出一种温和的趋势,这使得它们的疾病持续时间更长,而且发病率和死亡率也显著下降。猪瘟病毒的传播通常通过感染病猪的粪便、口腔、皮肤等部位进行,而且这些病毒在病死的猪身上也能够被检测到。

本病在自然条件下只感染猪,不同年龄、性别、品种的猪和野猪都易感,一年四季均可发生。病猪是主要传染源,病猪排泄物和分泌物,病死猪和脏器及尸体,急宰病猪的血、肉、内脏,废水、废料污染的饲料、饮水都可散播病毒,猪瘟的传播主要通过接触,经消化道感染。此外,患病和弱毒株感染的母猪也可以经胎盘垂直感染胎儿,产弱仔猪、死胎、木乃伊胎等。

3. 临床表现与特征

根据临床症状可分为最急性、急性、慢性和温和型四种类型。当健康的猪被感染时,病毒会迅速地从消化道扩散到淋巴结,从而引发严重的疾病传播。由于持续高热,机体出现食欲减退、饮食减少且存在严重的精神类症状,病毒致病能力提升还会攻击黏膜组织。

(1)急性型 病猪常无明显症状,突然死亡,一般出现在初发病地区和初流行初期。

病猪精神差,发热,体温在 40~42℃ 之间,呈现稽留热,喜卧、弓背、寒战及行走摇晃。食欲减退或废绝,喜欢饮水,有的发生呕吐。结膜发炎,流脓性分泌物,将上下眼睑粘住,不能张开,鼻流脓性鼻液。初期便秘,干硬的粪球表面附有大量白色的肠黏液,后期腹泻,粪便恶臭,带有黏液或血液,病猪的鼻端、耳后根、腹部及四肢内侧的皮肤及齿龈、唇内、肛门等处黏膜出现针尖状出血点,指压不退色,腹股沟淋巴结肿大。公猪包皮发炎,阴鞘积尿,用手挤压时有恶臭浑浊液体射出。小猪可出现神经症状,表现磨牙、后退、转圈、强直、侧卧及游泳状,甚至昏迷等。

剖检变化为全身皮肤、浆膜、黏膜和内脏器官有不同程度的出血。全身淋巴结肿胀、多汁、充血、出血、外表呈现紫黑色，切面如大理石状，肾脏色淡，皮质有针尖至小米状的出血点，脾脏有梗死，以边缘多见，呈色黑小紫块，喉头黏膜及扁桃体出血。膀胱黏膜有散在的出血点。胃、肠黏膜呈卡他性炎症。

（2）慢性型　多由急性型转变而来，体温时高时低，食欲不振，便秘与腹泻交替出现，逐渐消瘦、贫血、衰弱，被毛粗乱，行走时两后肢摇晃无力，行走不稳。有些病猪的耳尖、尾端和四肢下部呈蓝紫色或坏死、脱落，病程可长达1个月以上，最后衰弱死亡，死亡率极高。

剖检主要表现为坏死性肠炎，全身性出血变化不明显，由于钙、磷代谢的紊乱，断奶病猪可见肋骨末端和软骨组织交界处，因骨化障碍而形成的黄色骨化线。

（3）温和型　又称非典型，发生较多的是断奶后的仔猪及架子猪，表现症状轻微，不典型，病情缓和，病理变化不明显，病程较长，体温稽留在40℃左右，皮肤无出血小点，但有瘀血和坏死，食欲时好时坏，粪便时干时稀，病猪十分瘦弱，致死率较高，也有耐过的，但生长发育严重受阻。

4. 诊断

根据流行病学、临诊症状和病理变化可作出初步诊断。实验室诊断手段多采用免疫荧光技术、酶联免疫吸附测定法、血清中和试验、琼脂凝胶沉淀试验等，比较灵敏迅速，且特异性高。中国现推广应用免疫荧光技术和酶联免疫吸附测定法。

（1）临床诊断　在规模化猪场，如猪群中先后或同时有几个或更多的病猪出现高热不退，精神高度沉郁，食欲减退，全身衰弱，后躯无力，粪便干燥，后期腹泻，呈黄色、绿色不等，有时带血，皮肤的薄皮有出血点，耳朵发紫，死亡率较高，可初步判断为疑似猪瘟。

（2）尸体剖检　典型猪瘟病理解剖学变化，在现场即可做出正确判断，如见全身淋巴结呈现出血性淋巴结炎，切面呈大理石样外观，皮肤有出血斑点，肾贫血有点状出血，脾不肿大，有出血梗死，膀胱、喉头黏膜及心外膜和胃肠浆膜有出血点。慢性型猪瘟大肠有纽扣状肿，然后结合临床流行病学调查进行分析，通常可做出诊断。

5. 防制措施

（1）免疫接种。

（2）开展免疫监测，采用酶联免疫吸附试验或正向间接血凝试验等方法开展免疫抗体监测。

（3）及时淘汰隐性感染带毒种猪。

（4）坚持自繁自养、全进全出的饲养管理制度。

（5）做好猪场、猪舍的隔离、卫生、消毒和杀虫工作，减少猪瘟病毒的侵入。

（6）治疗主要以控制细菌的继发感染及解热镇痛为原则。

二、非洲猪瘟

非洲猪瘟是由非洲猪瘟病毒引起的家猪和野猪的急性、高度接触性、致死性传染病。我国2018年首次暴发非洲猪瘟疫情，对养猪产业造成巨大损失。非洲猪瘟的特征是发病过程短，死亡率高达100%，临床表现为发热，皮肤发绀，淋巴结、肾、胃肠黏膜明显出血。

1. 病原

非洲猪瘟病毒是非洲猪瘟科非洲猪瘟病毒属的唯一成员，非洲猪瘟病毒有些特性类似虹彩病毒科和逗病毒科病毒。

2. 流行特点

非洲猪瘟在家猪与野猪之间以多种形式传播，包括通过口鼻和破损伤口进行接触性传播，各种形式的人类活动也能导致非洲猪瘟传播。目前非洲猪瘟传播的主要原因分为：交通工具和人的原因占46%，泔水喂猪原因占34%，生猪及其产品跨区运输占19%。感染非洲猪瘟死亡的猪尸体，感染非洲猪瘟但未发病的猪，被病毒污染的饲料、饮用水和交通工具等物品，均是传染源，通过接触就会导致健康猪的感染。2018年，辽宁沈阳和河南郑州的非洲猪瘟疫情，可能是由于人参与物联网传播和贸易运输，将潜在发病的猪，受污染的猪肉、肉制品、泔水等进行散播，形成长距离跳跃性的传播特点。

3. 临床表现与特征

非洲猪瘟感染过程分为超急性、急性、亚急性、慢性。超急性型感染体征表现为41～42℃高热、呼吸急促、皮肤充血。1～3天死亡，发病率和死亡率高达100%。

急性型感染一般由强毒力和中等毒力的非洲猪瘟病毒引起，是最常见的非洲猪瘟感染形式。疾病体征表现为体温迅速上升到40～42℃，并伴随白细胞减少症。发热期的前1～3天，猪进食量减少，伴有喘息。皮肤可见泛性充血，一些猪在耳尖、尾端、四肢出现局部皮肤发紫。腹泻为可变体征，继发感染也可引起腹泻。临死前病猪体温可能会下降或维持在高体温不变。通常7～10天死亡率达100%。

亚急性型感染由中等毒力的非洲猪瘟病毒感染引起。感染10～14天，体温维持在40～42℃。病猪进食减少，伴有哮喘，有不同程度的腹泻。亚急性型感染的非洲猪瘟一般在感染后11天左右出现死亡，病猪的死亡率受猪生理条件影响。中等毒力的非洲猪瘟病毒可能导致仔猪的高死亡率，以及接近100%妊娠母猪流产和怀孕动物死亡。非洲猪瘟病毒感染引起血小板减少和凝血时间延长，导致病猪因出血性胃溃疡死亡率较高。存活的猪体温和白细胞计数逐渐回归正常。

慢性型感染可能出现在亚急性型感染存活下来的猪，也可能由轻微感染所致。症状表现为反复发热，体温在39.5～40℃，嗜睡、食欲反复和生长不良。皮肤先出现充血斑块，后发展为中心性坏死，皮肤损伤可能变得很大。腕关节和踝关节可能有软而无痛的肿胀。在肺部病变严重情况下呈现肺炎症状。除上述体征外，也可能表现为体重减轻、咳嗽和体温波动等，病程为20～30天或更长，缓解期和激活期交替出现。

非洲猪瘟病毒强毒感染引起广泛的坏死，在耳尖、尾端、四肢或臀部出现局部皮肤发红或发紫。典型病变是颜色从暗红到黑色的、充血肿大、易碎的脾脏和充血的胃、肝和肾淋巴结。肾脏的点状至瘀斑状出血，肾盂周围出血；肺小叶间水肿；胆囊水肿、胆囊壁出血；内脏腹膜点状出血；膀胱点状出血；腹腔淋巴结出血、水肿；下颌淋巴结肿大；心肌出血等。

中等毒力的非洲猪瘟感染几乎不会引起坏死，在感染3～5天收集的脾脏、肝脏、肾脏、淋巴结和肺脏等组织的病理症状与高毒力非洲猪瘟病毒感染相似。中等毒力非洲猪瘟病毒感染的脾脏增大，但颜色正常，不易碎。脾脏在感染4～8天可见红髓和动脉周围淋巴鞘内的核固缩，红髓内网状细胞增大，动脉周围巨噬细胞、鞘内细胞酸性染色更明显，感染12天后脾脏开始出现红斑。感染8天后，肝脏枯否氏细胞增大。胃肝淋巴结感染16天可见病变包括轻度出血、出血区域有散在核固缩。肾脏皮层出现瘀点性出血。腹股沟淋巴结感染13天，可见间毛细血管后小静脉内皮质细胞增大。颌下淋巴结感染6天后，在滤泡间存在散在核固缩，皮质区域网状细胞增生，毛细血管后小静脉内皮质细胞增大。肠系膜淋巴结在感染8～16天，可见滤泡间区有增大的网状细胞和散在的有丝分裂现象。

弱毒力非洲猪瘟病毒感染常见的组织病理表现是肺炎区上可能有胸膜粘连的一个或多个肺小叶区域；皮肤充血出血，有2厘米左右的坏死区；心包炎、关节炎，以及遗传性淋巴结病变。

4. 诊断

（1）临床诊断　非洲猪瘟与猪瘟及其它出血性疾病的症状和病变都很相似，它们的亚急性型和慢性型在生产现场实际上是不能区别的，因而必须用实验室方法才能鉴别。现场如果发现尸体解剖的猪出现脾和淋巴结严重充血，形如血肿，则可怀疑为猪瘟。

(2) 实验室诊断

① 红细胞吸附试验。将健康猪的白细胞加上非洲猪瘟病毒感染猪的血液或组织提取物，37℃培养，如见许多红细胞吸附在白细胞上，形成玫瑰花状或桑椹体状，则为阳性。

② 直接免疫荧光试验。荧光显微镜下观察，如见细胞浆内有明亮荧光团，则为阳性。

③ 动物接种试验。

④ 间接免疫荧光试验。将非洲猪瘟病毒接种在长满 Vero 细胞的盖玻片上，并准备未接种病毒的 Vero 细胞对照。试验后，对照正常，待检样品在细胞浆内出现明亮的荧光团核、荧光细点可被判定为阳性。

⑤ 酶联免疫吸附试验。对照成立时（阳性血清对照吸收值大于 0.3，阴性血清吸收值小于 0.1），待检样品的吸收值大于 0.3 时，判定为阳性。

⑥ 免疫电泳试验。抗原于待检血清间出现白色沉淀线者可判定为阳性。

⑦ 间接酶联免疫蚀斑试验。肉眼观察或显微镜下观察，蚀斑呈棕色则为阳性，无色则为阴性。

5. 防制措施

目前尚无安全、有效的抗非洲猪瘟药物和疫苗用于非洲猪瘟的防控。已有研究表明干扰素、核苷类似物、抗生素、RNA 干扰和 CRISPR/Cas9 等可通过病毒抑制、免疫调节和宿主因子干预等途径来抵抗非洲猪瘟病毒的感染。

一些植物天然产物（如木犀草素、芹菜素、山奈酚等）对非洲猪瘟病毒也具有一定的抑制作用。

在无本病流行的国家和地区应防止非洲猪瘟的传入，在国际机场和港口，从飞机和船舶来的食物废料均应焚毁。对无本病地区应事先建立快速诊断方法和制定一旦发生本病时的扑灭计划。

三、猪圆环病毒病

猪圆环病毒病是由猪圆环病毒引起的猪的一种病毒性传染病，以免疫抑制和多病原继发感染为主要特征，是继猪繁殖与呼吸障碍综合征后一种重要的传染病。主要感染断奶后仔猪，集中在断奶后2~8周龄，哺乳仔猪很少发生。疾病的特征为体质下降，进行性消瘦，腹泻，皮肤苍白或黄疸，呼吸急促。猪圆环病毒感染后会出现断奶仔猪多系统消耗综合征、猪皮炎肾病综合征、猪呼吸系统混合疾病、繁殖障碍症。

1. 病原

猪圆环病毒是圆环病毒科圆环病毒属成员，正二十面体对称，无囊膜，直径17~22纳米，为单股环状DNA病毒，是迄今发现的最小的动物病毒。猪圆环病毒存在两种基因型，即猪圆环病毒-1和猪圆环病毒-2。猪圆环病毒-1无致病性，广泛存在于正常猪体各器官组织及猪源细胞中。猪圆环病毒-2对猪有致病性，可引发猪多种疾病。

2. 流行特点

由于猪圆环病毒对外界的抵抗力极强，可抵抗pH3.0的环境，经氯仿作用或56℃作用30分钟不失活，所以该病毒分布广泛，在亚洲、欧洲、南美洲、北美洲均有发现此病毒的报道。在我国很多省市也相继检测到该病毒。此病毒可随粪便、鼻腔分泌物等排出体外，传播迅速。

本病主要感染断奶后仔猪，一般集中发生于断奶后2~8周，发病期死亡率可达20%，有时甚至高达50%。哺乳仔猪很少发病。饲养条件差、通风不良、饲养密度高、不同日龄猪混养等应激因素均可加重病情的发展。

本病主要通过消化道、呼吸道感染，少数怀孕母猪感染后也可经胎盘垂直感染仔猪，病毒也可由感染公猪的精液间歇性排出。

本病毒流行的一个特点就是常与其它病毒、细菌等微生物发生混合感染。报道的有猪瘟病毒、猪蓝耳病病毒、副嗜血杆菌、链球菌、附红细胞体等。

3. 临床表现与特征

猪圆环病毒-2对生长育肥猪的危害相对较轻，在良好的饲养管理条件下，猪圆环病毒-2不构成致命威胁。但是感染后，一般在断奶1周后出现症状，持久发热，精神、食欲不振，消化不良，腹泻，被毛粗乱，生长缓慢，发育受阻，进行性消瘦，肌肉无力，被毛粗乱，气喘，咳嗽，呼吸困难，皮肤苍白、贫血。体表淋巴结肿大，尤其是腹股沟淋巴结。有的猪会出现贫血与黄疸症状，有的病猪发生腹泻，关节肿胀或跛行。全身淋巴结肿胀，肺炎，肝病和高死亡率。皮肤苍白，可视黏膜苍白，反应迟钝，可引起其它相关性疾病。

(1) 断奶仔猪多系统衰弱综合征　本病主要侵害6～16周龄的仔猪，以8～12周龄最常见，发病率差别很大，死亡率在30%～100%。成年猪一般是隐性感染，但是其带毒并长期通过各种途径排毒。

① 临床症状表现：生长发育受阻，有的即使耐过此病后也成为僵猪。肌肉衰弱无力，进行性消瘦，脊骨明显突出，采食量下降，被毛粗乱无光，皮肤苍白，贫血，有的有黄疸。个别猪眼圈发黑，眼睛有分泌物。有的猪还会出现腹泻、下痢，腹股沟淋巴结明显肿胀。

② 各主要器官病变：最明显的是全身淋巴结肿大，特别是颌下、腹股沟、肺门和肠系膜淋巴结，切面硬度增大，可见均匀白色。脾脏肿大，边缘有出血点；肺脏充血式肿胀，或肺实质肉变，坚硬似橡皮样；肾脏肿大，呈土黄色，被膜下有坏死点。胃肠黏膜脱落充血，小肠壁薄，内容物稀薄，呈灰白色，结肠水肿，胃溃疡，不同程度肌肉萎缩；血液离心后，血清似胶冻样，呈乳白色或淡黄色。

(2) 皮炎及肾病综合征　此病通常发生于8～18周龄猪。有时与断奶仔猪多系统衰弱综合征同时发生，发病率0.15%~2%，有时候达7%。皮肤出现圆形或不规则形的颜色由红色到紫色病变斑块，常见于臀部、耳朵、四肢及腹部，这些斑块有时会相互融合。这种皮肤病的猪无痒感，不会在猪舍舍门或墙壁擦痒。在极少情况下皮肤病变会消失。病猪表现皮下水肿，食欲丧失，有时体温上升。大于3月龄的猪死亡率将近100%，年轻猪死亡率将近50%。严重感染的患病猪在临床症状出现后几天内就全部死亡。

死于皮炎和肾病综合征的猪病理变化一般表现为双侧肾肿大，皮质表面有颗粒渗出及红色点状坏死，肾盂坏死。这些病变与纤维素性肾小球炎类似，而与非化脓性间质性肾炎不同。病程稍长的猪会出现慢性肾小球肾炎症状。一般此病发病猪皮肤及肾脏都会呈现病理变化，但有时仅会出现单一的皮肤或肾脏的病变（单一皮肤损害时，很少发生死亡）。

（3）母猪繁殖障碍　初产母猪会出现流产、死产、木乃伊胎，新生仔猪及断奶后仔猪死亡率也会增加。肝脏出现慢性瘀血，心脏出现坏死性、纤维素性、非化脓性心肌炎，心脏成为圆环病毒增殖的主要场所。

（4）相关性肺炎　病猪表现咳嗽、呼吸困难，病死率达10%~20%。在急性SIV（猪流感病毒）感染期同时感染猪圆环病毒-2时，病死率会显著增加，可高于20%。病理变化多在支气管，表现为间质性肺炎和肉芽肿样肺炎，肺肿大，坚硬似橡皮，表面有灰褐色小叶，肺泡出血，颜色加深，尖叶或心叶萎缩或实变。

（5）肠炎　哺乳期仔猪、断奶后仔猪多发。症状主要表现为腹泻，粪便呈灰白色或淡黄色水样。有的还会出现由于呕吐、腹泻导致严重脱水，眼球深陷，皮肤干燥无光泽，无弹性，体重严重下降。剖检病变部位在回肠黏膜，表现为肠壁形成肉芽肿。

（6）仔猪的先天性震颤　症状的严重程度差异很大，从轻微震颤到不由自主的跳跃，每窝感染猪的数量变化不等。出生后会吸乳的一般经3周可以康复，不能吸乳的转归死亡。震颤在受到刺激时加重，在卧下和睡觉时震颤减轻或消失。

4. 诊断

由于该病常与一些病毒细菌混合感染，仅依靠临床症状、流行情况和病理变化很难确诊，需要靠实验室诊断方法确诊。检测抗体的方法有间接免疫荧光法、免疫组织化学法、酶联免疫吸附试验和单克隆抗体法等。但是由于猪圆环病毒-1和猪圆环病毒-2的同源性较高，存在一定的血清学交叉反应，因此仅靠单一的抗体阳性不能确定为猪圆环病毒感染，确诊必须依靠实验室方法检测猪圆环病毒-2抗原或核酸。

5. 防制措施

（1）免疫接种 目前该病尚无特效药物治疗，免疫接种是控制和预防此病最为有效和最为廉价的方法，虽然目前针对此病还没有公认的非常有效的疫苗。值得注意的是，不同疫苗对不同日龄的猪免疫效果可能存在差异，要根据自身实际情况作出选择。

（2）防止混合感染 由于猪细小病毒、猪伪狂犬病毒、猪繁殖与呼吸道综合征病毒、猪肺炎支原体等都与猪圆环病毒-2有协同作用，经常会引起混合感染，因此做好这些病的免疫接种，保证仔猪在断奶前后有较高的抗体水平来抵抗疾病侵袭具有重要意义，尤其是前三种疾病的免疫。

（3）加强饲养管理

① 淘汰亚临床感染的母猪。圆环病毒能通过母猪胎盘在怀孕期感染胎儿，所以最好根据猪场的生产记录，结合观测母猪的外形、毛色、奶水等指标，淘汰那些可能感染圆环病毒的母猪。

② 实验表明母源抗体水平的高低是决定仔猪是否感染圆环病毒的主要原因，因此要避免仔猪过早断奶。要尽量想办法让体弱的仔猪尽量多吃些初乳。也要避免过早给断奶仔猪更换饲料，避免断奶后并窝并群；避免过早或多次注射疫苗；避免高密度饲养；减少应激。要特别注意气候变化、防止贼风和有害气体等因素。

③ 定期检测公猪精液。有研究表明，我国公猪精液的圆环病

毒阳性率较高，很多猪场却往往忽略了公猪精液的质量对猪圆环病毒病传播的作用，造成阳性率居高不下。

④ 强化猪场外部生物安全措施，包括严格控制来访者及外来车辆、外来货物。减少后备母猪的购进数量，加强猪舍环境消毒，实行全进全出制度，至少在同一栏实行全进全出，最好是同一猪舍或整个猪场做到全进全出，不要将不同来源的猪或不同日龄的猪混群饲养。

（4）药物预防与治疗　由于猪圆环病毒主要通过引进种猪而造成感染，所以根源在种猪，应该对母猪和仔猪同时用药，才能取得理想的效果。在母猪产仔前后各1周、仔猪断奶前1周、断奶后1个月给予治疗剂量或预防剂量的抗菌药物，如强力霉素、利高霉素、金霉素、阿莫西林、泰乐菌素和替米考星等。哺乳仔猪也可在3天、7天、21天注射土霉素注射液，下面根据不同临床症状列出具体的治疗方案。

断奶仔猪综合征治疗方案。西药方：①在饲料中添加黄芪多糖粉（100克/吨），同时在饮水中添加多维葡萄糖粉（500克/50公斤），连用7天。②用干扰素（3万单位）1瓶加黄芪多糖注射液6毫升，每天1次，连用3天。③用阿莫西林1瓶、氨基比林2毫升、1毫克复合维生素B混合，肌内注射，每天1次，连用5天。中药方：黄芪150克，黄芩100克，板蓝根20克，党参50克，茵陈20克，金银花、连翘各50克，甘草25克，每次煎水1000毫升，煎熬1小时，共煎3次，按1毫升/公斤体重，每天1次，连用7天。

引起相关肺炎的治疗方案。西药方：①用干扰素1万～20万单位/公斤，肌内注射，1次/天，连用3～5天；或用转移因子，2～4毫升/头，前大腿内侧皮下注射，1次/1天，连用4～5天。②用黄芪多糖注射液，0.2～0.3毫升/公斤，肌内注射，第1天2次，以后1天1次，连用3～5天。咳嗽剧烈者，可加用可待因，喘气严重者，可加用息喘平。中药方：生石膏90克、连翘30克、黄连9

克、板蓝根 30 克、黄芩 18 克、栀子 18 克、赤勺 18 克、桔梗 18 克、玄参 30 克、丹皮 18 克、甘草 12 克。皮肤斑疹紫色深红者，加紫草 30 克、丹皮 18 克；疹色紫暗，融合成片者，加生地 18 克、红花 9 克；咳嗽严重的，加桑白皮 12 克、鱼腥草 18 克（适用于 10 只 10 公斤体重的猪，可根据猪的体重加减药量）。用法：将上述药放入锅中，加入 2500 毫升开水，浸泡 30 分钟后，文火煎取 1000 毫升药液，灌服或拌料饲喂，1 天 2 次。

四、猪口蹄疫

猪口蹄疫俗称口疮。该病作为一种热性、急性、高度接触性传染病，病原体的传播途径多样，呈现传播快、发病率高、流行性强的趋势。当前，猪口蹄疫呈高发趋势，具有较强的传染性，发病率、死亡率均较高。

1. 病原

口蹄疫病毒属于微核糖核酸病毒科口蹄疫病毒属。其最大颗粒直径为 23 纳米，最小颗粒直径为 7～8 纳米。目前已知口蹄疫病毒在全世界有 7 个主型（A、O、C、南非 1、南非 2、南非 3 和亚洲 1 型）以及 65 个以上亚型。O 型口蹄疫为全世界流行最广的一个血清型，我国流行的口蹄疫主要为 O、A、C 三型及 ZB 型（云南保山型）。口蹄疫病毒在病畜的水疱液和水疱皮中大量存在，在血液及组织器官中以及分泌物、排泄物中都有存在。其中病猪和染毒而未发病的猪以淋巴结和脊髓中含毒量最高并可长期存活。

病毒对外界环境的抵抗力很强，被病毒污染的饲料、土壤和毛皮传染性可保持数周至数月。但由于病毒无囊膜，易被酸性或碱性溶液破坏，2% 氢氧化钠、30% 热草木灰水、10% 新鲜石灰乳剂、0.5%～1% 过氧乙酸等常用消毒剂在 15～25℃ 下经 0.5～2 小时能杀灭病毒。常用季铵盐类消毒药如碘酊、酒精、苯酚、来苏儿、百毒杀等对口蹄疫病毒无杀灭作用。病毒不耐热，对紫外线敏感。

2. 流行特点

口蹄疫是由口蹄疫病毒感染所诱发的疾病，在牛、羊、猪等偶蹄类动物中高发，其中仔猪免疫力较弱，呈现较高的发病率。不同日龄阶段和不同品种、性别的猪均易感，仔猪不仅发病率高，同时患病后所表现出的临床症状更严重，死亡率更高。

猪口蹄疫一年四季高发，冬春季节天气相对较为寒冷环境下，病毒相对较为活跃。天气比较炎热的季节偶有发病情况，发病率明显低于寒冷季节。猪口蹄疫病毒在4～8℃，能够长期存活，在超过60℃环境，可在短时间内死亡，所以猪口蹄疫感染的季节性非常明显。带病毒动物与患病动物是该病主要传染源。健康猪在与病猪密切接触后，极容易感染。同时，病毒可能存在于患病猪的排泄物、分泌物中，健康猪在与其接触或接触被排泄物和分泌物污染的饲料、饮水时，容易患病。屠宰后的血液、器官、肉品等会导致疾病传播。猪口蹄疫传播能力强，能够通过多种途径传播：直接接触、间接接触、空气传播。首先，直接接触传播即健康猪同患病猪密切接触，或是接触了患病猪的水疱液、分泌物、排泄物等；间接接触即健康猪误食被患病猪分泌物、排泄物等污染的饲料、水源，或是接触被污染的饲养器具；另外，患病猪呼出的气体携带病原，气溶胶粒子随着空气流动，健康猪长时间接触并生活在该环境中。

3. 临床表现与特征

该病潜伏期1～7天，平均2～4天，病猪精神沉郁、闭口、流涎，开口时有吸吮声，体温可升高到40～41℃。发病1～2天后，病猪齿龈、鼻端、唇内面可见到蚕豆大的水疱，采食停止。水疱约经一昼夜破裂，形成溃疡，这时体温会逐渐降至正常。在口腔发生水疱的同时或稍后，趾间及蹄冠的柔软皮肤上也发生水疱，也会很快破溃，然后逐渐愈合。有时在乳头皮肤上也可见到水疱。本病一般呈良性经过，经1周左右即可自愈；若蹄部有病变则可延至2～3周或更久；死亡率1%～2%，该病型叫良性口蹄疫。有些病猪在水疱愈合过程中，病情突然恶化，全身衰弱、肌肉发抖、心跳加快、节律不齐、食欲废绝、行走摇摆、站立不稳，往往因心脏麻痹而突然死亡，这种病型叫恶性口蹄疫，死亡率高达25%～50%。仔猪发病时往往看不到特征性水疱，主要表现为出血性胃肠炎和心肌炎，死亡率极高。

4. 诊断

口蹄疫病变典型易辨认，故结合临床病学调查不难作出初步诊断。其诊断要点为：发病急、流行快、传播广、发病率高，但死亡率低，且多呈良性经过；大量流涎，呈引缕状；口蹄疮定位明确（口腔黏膜、蹄部和乳头皮肤），病变特异（水泡、糜烂）；恶性口蹄疫时可见虎斑心；为进一步确诊可采用动物接种试验、血清学诊断及鉴别诊断等。

5. 防制措施

预防病畜疑似口蹄疫时，应立即报告兽医机关，病畜就地封锁，所用器具及污染地面用过氧乙酸消毒。

确认后，立即进行严格封锁、隔离、消毒及防治等一系列工作。发病畜群扑杀后要无害化处理，工作人员外出要全面消毒，病畜吃剩的草料或饮水，要烧毁或深埋，畜舍及附近用过氧乙酸、二氯异氰尿酸钠（含有效氯≥20%）喷雾消毒，以免散毒。

科学免疫、定期进行预防接种，同样会对猪口蹄疫的防控产生积极的作用，饲养管理人员需提高防控意识，认识免疫接种工作的重要意义，结合自身养殖场口蹄疫疾病的发病史、发病情况以及饲养状况等，制定免疫接种制度，发挥制度的规范引导作用，高质量展开免疫接种工作。掌握生猪日龄以及疫苗接种情况，避免重复接种或遗漏接种。对于患病猪、体弱猪，还应先进行防控与护理，待其恢复到健康状态后，再开展补免。接种前后1周禁止服用抗生素类药物。接种前，需准备好接种工具，做好接种环境与接种器具的消毒，检查疫苗的状态。疫苗选择上，通常可应用O、A、C及亚洲Ⅰ型疫苗。接种后2周，即能够在猪群的体内产生抗体，后期免疫保护时间会持续半年左右。育肥猪出生1个月后即需要进行首次免疫,再过1个月后进行二免。种母猪分娩前45天即可以进行接种。仔猪发病率较高,可以在断奶后及时进行接种,50~60日龄后复免。

五、猪痘

猪痘是由猪痘病毒或痘苗病毒引起的猪的一种温和性、急性、典型性皮肤型痘病毒性传染病,以猪的皮肤和黏膜出现特殊的红斑、丘疹、脓疱和结痂,机体发热为主要特征,一般呈良性经过。饲养管理技术水平不高,卫生条件差为此病的发生创造了条件。猪痘最早报道于欧洲,现呈世界性分布。发病率高,但造成的经济损失不大,因此常常不被重视。

1. 病原

其病原体有两种:一种是猪痘病毒,仅能使猪发病,在猪源组织细胞内增殖,并在细胞核内形成空泡和包涵体;另一种是痘苗病毒,能使牛、猪等多种动物感染,并在被感染的细胞质内形成包涵体。两种病毒无交叉免疫性。猪痘病毒属于痘病毒科、猪痘病毒属,是一种较大型DNA型病毒。病毒颗粒呈砖形或椭圆形,大小为(300~450)纳米×(176~260)纳米,基因组为双股DNA。皮屑内的病毒对干燥有特别强的耐受力,可存活1年。对热的抵抗力不强,37℃ 4小时丧失感染力。直射日光或紫外线可迅速杀灭病毒。对碱和大多数消毒药都敏感。哺乳仔猪和断奶仔猪最易感。

2. 流行特点

猪是猪痘病毒的唯一宿主,痘苗病毒则能使牛、猪等多种动物感染。其发病率与日龄、品种、饲养管理水平、环境卫生条件有关。一般4~6周龄以内的仔猪易感染,成年猪和母猪较少感染。病猪及病愈后带毒母猪为本病的主要传染源。本病除了可以通过病猪排出的口、鼻分泌物污染环境直接传播本病外,还可通过猪血虱、苍蝇或蚊子等体外寄生虫传播,也可通过接触传染。本病目前在全世界范围内流行。

本病可发生于任何季节,以春秋两季天气闷热、猪舍潮湿污秽以及卫生条件差、营养不良等情况下流行比较严重,发生于夏季时常被误认为由蚊虫叮咬所致。本病传染快、发病率高,同群猪感染率可达100%,但死亡率不超过5%,如继发感染死亡率会增加。环境条件不好、驱虫不彻底、不断引进易感猪成为此病在猪场持续存在的主要原因。

3. 临床表现与特征

猪痘感染的潜伏期为3~7天;猪痘临床表现有明显的阶段性:红色斑点期、红色丘疹期、水疱期、脓疱期和结痂期。病初体温升高至41~42℃,食欲正常或减退,精神不振,结膜发炎,出现咳嗽、流鼻涕等症状。痘疹发生于被毛稀少部,如鼻、眼睑、耳部、股内侧,有猪虱寄生时,痘疹多见于腹下。有蚊子和苍蝇时,痘疹多见于背部,开始为深红色的硬结节,突出于皮肤表面,略呈半球状,表面平整,内部逐渐聚集浆液性渗出物,顶部逐渐出现白尖,此时体温趋于正常。以后,结节上形成水泡,中央形成凹陷,其中有浆液性澄清液体。此为水疱期,很多时候水疱期较短,不易被发现。接着疱内容物化脓,体温又升高,有时严重病例会出现严重的全身症状,此后2~3天,很快结成棕黄色痂块,脱落后变成白色斑块而痊愈,病程10~15天。结痂期一过体温恢复正常,全身症状消失。

本病多为良性经过,病死率不高,所以易被忽视,常常影响猪的生长发育,但是如果饲养管理不善造成继发感染时,常使病死率增高,尤其是幼龄猪。如果在口腔、咽喉、气管、支气管内发生痘疹,若管理不当,常继发肺炎、胃肠炎、败血症等而发生死亡。

因猪痘死亡的猪,病变主要发生于鼻镜、鼻孔、唇、齿龈、腹下、腹侧和四肢内侧等处,黏膜出现卡他性或出血性炎症和痘疹,也可发生于背部皮肤。继发细菌感染时,损伤更为严重,并形成局部化脓性。

4. 诊断

根据流行病学及临床症状不难做出初步诊断。诊断要点为一定时期内，仔猪先后发病，在腹部、耳朵、鼻部、阴部和背部可见典型的疱疹。如果有细菌感染时，可见局部化脓灶。如需确诊需要做实验室诊断。取痘疹液、疱皮或痂皮磨碎，加青、链霉素接种猪肾单层细胞，观察细胞病变，或用电镜观察病毒。若有阳性血清，也可做细胞中和实验。还可将从病猪水疱内提出的病毒接种家兔，如果接种部位出现痘疹则为痘苗病毒感染，如无痘疹，则为猪痘病毒感染。

5. 防制措施

(1) 治疗　目前本病尚无特效的疫苗，发生本病后，一方面采用消毒药如5％碘酊、0.1％～0.5％高锰酸钾液涂擦患处，如果脓疱已破溃则用2％硼酸溶液清洗，再涂上龙胆紫，同时给予抗生素控制继发感染。此外，值得一提的是传统中兽医疗法在治疗此病过程中常常有不错的效果。现将文献中报道的方法总结如下：①大泽兰、葫芦茶、了哥王根各100克，秤星木根、耳草、百部藤各150克，煎汁3千克，每天2次，连服2天（10头仔猪量）。②花椒、艾叶各15克，大蒜若干，煎汁水洗患处，洗后涂消炎软膏。③芦根30克，紫草、双花、连翘各20克，蒲公英50克，甘草10克，煎汁灌服或拌料自食，2天1剂，连用2剂（10～20公斤体重2天量）。④金钱草、野菊花、灰蓼各100克，切短混合浓煎去渣，候凉后清洗患部，一般1次见效，无效者再用药1次可愈。⑤麻葛二花汤：升麻5克，葛根5克，二花10克，土茯苓5克，连翘10克，生甘草5克，煎水分两次喂。本处方在病初时使用。⑥二花25克，连翘20克，黄柏7.5克，黄连5克，黄芩25克，栀子10克，煎水分两次服。此方当脓疱破溃时使用。

(2) 预防措施　未发生猪痘时应加强饲养管理，平时保持良好的环境卫生，消除猪虱等传播媒介。患猪康复后能获得主动免疫，一般终生不再感染。由于本病造成的经济损失小，加上活疫苗本身具有的缺点，所以一般不提倡使用活疫苗。

当发生猪痘时，应及时隔离治疗，被污染的用具和猪舍，可用2%～3%来苏儿或1%～3%氢氧化钠消毒，猪的垫料尤其是皮肤上的结痂块等污物和粪便，要采用生物发酵法处理。同时，注意加强饲养管理，改善畜舍条件，给予足够的营养，加强猪自身抵抗力，一般不会造成经济损失。

六、猪蓝耳病

猪蓝耳病即猪繁殖与呼吸障碍综合征，是由蓝耳病病毒引起的猪的一种高度接触性传染病。本病以母猪的生殖障碍和仔猪的呼吸道疾病以及产生免疫抑制为特征。随着畜牧业专业化、集约化、规模化发展，猪的养殖密度逐渐增加，猪蓝耳病的发生风险逐年加大。蓝耳病是养猪行业最为关注的猪病之一，猪场的大部分疾病都是围绕蓝耳病继发的，因此蓝耳病被称为"万病之源"，给猪场生产带来了严重的影响和巨大的经济损失。该病于1987年由美国首次报道，但是直到1992才被正式命名为"猪繁殖与呼吸障碍综合征"。目前，本病已流行于世界上许多国家和地区，该病病毒变异株引起的高致病性猪蓝耳病在我国广泛流行，给养猪业造成了严重的经济损失。

1. 病原

猪蓝耳病病毒属于冠状病毒科动脉炎病毒属，为单股RNA病毒，容易发生变异和重组。变异是RNA病毒的一个非常明显的特征。该病病原基因组的变异是本病难以控制的重要原因之一。毒株之间存在显著的抗原差异性，相互之间只有很少的交叉反应。蓝耳病病毒只有1个血清型，目前有2个种，即PRRSV-1（欧洲型）和PRRSV-2（美洲型）。在我国养猪生产中，PRRSV-1和PRRSV-2两种毒株共存，但主要是PRRSV-2毒株，现有蓝耳病商品化疫苗也是针对PRRSV-2毒株而生产的。

该病毒对外界环境抵抗力相对较弱，病毒的稳定性受pH和温度的影响比较大。pH6.0 时稳定，在 pH 小于 5 或大于 7 的条件下，其感染力降低 95% 以上。对常用的化学消毒剂的抵抗力不强。

2. 流行特点

本病是一种高度接触性传染病，呈地方流行性。蓝耳病病毒只感染猪，各种品种、不同年龄和用途的猪均可感染，但以妊娠母猪和 1 月龄以内的仔猪最易感。患病猪和带毒猪是本病的重要传染源。主要传播途径是接触感染、空气传播和精液传播，也可通过胎盘垂直传播。易感猪可经口、鼻腔、肌肉、腹腔、静脉及子宫内接种等多种途径而感染病毒，猪感染病毒后 2~14 周均可通过接触将病毒传播给其它易感猪。从病猪的鼻腔、粪便及尿中均可检测到病毒。易感猪与带毒猪直接接触或与污染有蓝耳病病毒的运输工具、器械接触均可受到感染。感染猪的流动也是本病的重要传播方式。持续性感染是蓝耳病流行病学的重要特征，该病毒可在感染猪体内存在很长时间。

猪群感染猪蓝耳病病毒后，肺泡巨噬细胞不能破坏吞噬猪蓝耳病病毒；相反，猪蓝耳病病毒在肺泡巨噬细胞中能增殖生产大量病毒，从而使大量肺泡巨噬细胞被破坏，机体的重要防御防线被打破，最终继发猪副嗜血杆菌病、链球菌病、支原体肺炎、猪鼻支原体病、传染性胸膜肺炎等疾病的混合感染，使猪群出现发热、咳喘、消瘦、厌食等症状，可使保育猪损失达 10%~15%，育肥猪的死淘率达 5% 以上。

3. 临床表现与特征

本病的潜伏期差异较大，感染后易感猪群发生蓝耳病的潜伏期，最短为 3 天，最长为 37 天。本病的临诊症状变化很大，且受病毒株、免疫状态及饲养管理因素和环境条件的影响。低毒毒株可引起猪群无临诊症状的流行，而强毒株能够引起严重的临诊疾病，临诊上可分为急性型、慢性型、亚临床型等。

（1）急性型　发病母猪主要表现为精神沉郁、食欲减少或废绝、发热，出现不同程度的呼吸困难，妊娠后期（105~107 天），

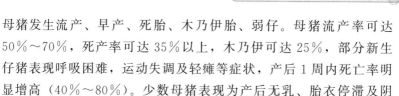

母猪发生流产、早产、死胎、木乃伊胎、弱仔。母猪流产率可达50%~70%,死产率可达35%以上,木乃伊可达25%,部分新生仔猪表现呼吸困难,运动失调及轻瘫等症状,产后1周内死亡率明显增高(40%~80%)。少数母猪表现为产后无乳、胎衣停滞及阴道分泌物增多。

1月龄仔猪表现出典型的呼吸道症状,呼吸困难,有时呈腹式呼吸,食欲减退或废绝,体温升高到40℃以上,腹泻。被毛粗乱,共济失调,渐进性消瘦,眼睑水肿。少部分仔猪可见耳部、体表皮肤发紫,断奶前仔猪死亡率可达80%~100%,断奶后仔猪的增重降低,日增重可下降50%~75%,死亡率升高(10%~25%)。耐过猪生长缓慢,易继发其它疾病。

生长猪和育肥猪表现出轻度的临诊症状,有不同程序的呼吸系统症状,少数病例可表现出咳嗽及双耳背面、边缘、腹部及尾部皮肤出现深紫色。感染猪易发生继发感染,并出现相应症状。

种公猪的发病率较低,主要表现为一般性的临诊症状,但公猪的精液品质下降,精子出现畸形,精液可带毒。

(2)慢性型 慢性型是规模化猪场蓝耳病表现的主要形式。主要表现为猪群的生产性能下降,生长缓慢,母猪群的繁殖性能下降,猪群免疫功能下降,易继发感染其它细菌性和病毒性疾病。猪群的呼吸道疾病(如支原体感染、传染性胸膜肺炎、链球菌病、附红细胞体病)发病率上升。

(3)亚临床型 感染猪不发病,表现为蓝耳病病毒的持续性感染,猪群的血清学抗体阳性,阳性率一般在10%~88%。

本病病理表现为,无继发感染的病例除有淋巴结轻度或中度水肿外,肉眼变化不明显,呼吸道的病理变化为温和到严重的间质型肺炎,有时有卡他性肺炎,若有继发感染,则可出现相应的病理变化,如心包炎、胸膜炎、腹膜炎及脑膜炎等。

蓝耳病病毒感染引起的繁殖障碍所产仔猪和胎儿很少有特征性病变,蓝耳病致死的胎儿病变是子宫内无菌性自溶的结果,没出现特异性；流产的胎儿血管周围出现以巨噬细胞和淋巴细胞浸润为特征的动脉炎、心肌炎和脑炎。脐带发生出血性扩张和坏死性动脉炎。

生长猪较成年猪更常见特征性组织性病理变化，肺的组织学病变具有普遍性，有诊断意义。单纯的蓝耳病病毒感染引起的肺炎以间质性肺炎伴随正常的呼吸道上皮为特征。其特点为肺泡间隔增厚，单核细胞浸润及Ⅱ型上皮细胞增生，肺泡腔内有坏死细胞碎片。

蓝耳病病毒和细菌、其他病毒混合感染时，病变应随并发感染的细菌/病毒的不同而有所变化，合并感染细菌性病原常引起复杂的肺炎，间质性肺炎常混合化脓性纤维素性支气管肺炎或被化脓性纤维素性支气管肺炎所掩盖。有些感染病例还可见胸膜炎。

鼻甲部黏膜的病变是蓝耳病病毒感染后期的特征，其上皮细胞纤毛脱落，上皮内空泡形成和黏膜下层淋巴细胞、巨噬细胞和浆细胞浸润。淋巴结、胸腺和脾脏的组织病理学变化，以发生肥大和增生、中心坏死、淋巴窦内有多核巨细胞浸润为特征，病变早期可见脾脏白髓、扁桃体滤泡淋巴细胞坏死，后期脾核淋巴结细胞增生；另外蓝耳病病毒感染引起的血管、神经系统、生殖系统的病变也主要表现为淋巴、巨噬细胞、浆细胞的增生和浸润。

4. 诊断

根据主观病史、临床症状、眼观和显微病变、生产记录分析、病毒的检测和血清学实验等资料来诊断猪是否感染了猪繁殖与呼吸道障碍综合征病毒。

荷兰提出三项临床诊断指标，只要其中2项符合要求，即可判为此病：①怀孕母猪临床表现明显，每窝有20％以上的死胎；②8％以上的母猪流产；③哺乳仔猪死亡26％以上。这种诊断方法可供实际工作者参考。

另外诊断本病要与其它引起繁殖障碍的疾病、呼吸道疾病进行鉴别。

确诊本病需要实验室诊断,如病原分离、间接荧光抗体实验、血清学实验、酶联免疫吸附实验等。

5. 防制措施

坚持自繁自养的原则,建立稳定的种猪群,不轻易引种。如必须引种,首先要搞清所引猪场的疫情,此外,还应进行血清学检测,阴性猪方可引入,坚决禁止引入阳性带毒猪。引入后必须建立适当的隔离区,做好监测工作,一般需隔离检疫4~5周,健康者方可混群饲养。

规模化猪场要彻底实现全进全出,至少要做到产房和保育两个阶段的全进全出。建立健全规模化猪场的生物安全体系,定期对猪舍和环境进行消毒,保持猪舍、饲养管理用具及环境的清洁卫生,一方面可防止外来疫病的传入,另一方面通过严格的卫生消毒措施把猪场内的病原微生物的污染降低到最低限,可以最大限度地控制和降低PRRSV感染猪群的发病率和继发感染机会。

做好猪群饲养管理。在蓝耳病病毒感染猪场,应做好各阶段猪群的饲养管理,用好料,保证猪群的营养水平,以提高猪群对其它病原微生物的抵抗力,从而降低继发感染的发生率和由此造成的损失。

做好其它疫病的免疫接种,控制好其它疫病,特别是猪瘟、猪伪狂犬病和猪气喘病的控制。在蓝耳病病毒感染猪场,应尽最大努力把猪瘟控制好,否则会造成猪群的高死亡率;同时应竭力推行猪气喘病疫苗的免疫接种,以减轻猪肺炎支原体对肺脏的侵害,从而提高猪群肺脏对呼吸道病原体感染的抵抗力。

定期对猪群中蓝耳病病毒的感染状况进行监测,以了解该病在猪场的活动状况。一般而言,每季度监测一次,对各个阶段的猪群采样进行抗体监测,如果4次监测抗体阳性率没有显著变化,则表明该病在猪场是稳定的,相反,如果在某一季度抗体阳性率有所升高,说明猪场在管理与卫生消毒方面存在问题。应加以改正。

对发病猪场要严密封锁;对发病猪场周围的猪场也要采取一定

的措施，避免疾病扩散，对流产的胎衣、死胎及死猪都做好无害化处理，产房彻底消毒；隔离病猪，对症治疗，改善饲喂条件等。

关于疫苗接种，总的来说现今尚无十分有效的免疫防制措施，国内外已推出商品化的蓝耳病病毒弱毒疫苗和灭活苗，国内也有正式批准的灭活疫苗。然而，蓝耳病病毒弱毒疫苗的返祖毒力增强的现象和安全性问题日益引起人们的担忧。国内外有使用弱毒疫苗而在猪群中引起多起蓝耳病暴发的情况，因此，应慎重使用活疫苗。虽然灭活疫苗的免疫效力有限或不确定，但从安全性角度来讲是没有问题的，因此在感染猪场，可以考虑给母猪接种灭活疫苗。

本病发生后，使用磺胺类和退热类药物不仅不会改善症状反而会加重病情，增加死亡率。实践证明，在饲料中或饮水中添加药物或注射药物可起到较好的防制作用。

方案一：仔猪断奶前1周至断奶后4周的饲料中添加抗生素，每吨饲料中添加氟甲砜霉素100克/吨＋强力霉素200克/吨；或用80%支原净125克/吨＋金霉素300克/吨＋阿莫西林200克/吨；对12～13周龄和17～18周龄发病的生长育成猪可在每吨饲料中添加氟甲砜霉素100克/吨＋强力霉素250克，也可在饮水中添加可溶性抗生素；在母猪分娩前后各1周的母猪料中添加抗生素，每吨饲料中添加氟甲砜霉素100克/吨＋洛美沙星1公斤进行预防；或用80%支原净125克/吨＋金霉素300克/吨＋阿莫西林150克/吨添加。

方案二：仔猪4针保健法。7～10日龄，注射泰拉菌素0.2毫升/头；14日龄，注射头孢噻呋0.2毫升/头；28～35日龄，注射头孢噻呋0.2毫升/头；42日龄，注射头孢噻呋0.5毫升/头。此法由杨汉春教授提出，临床效果较好。保育猪和生长肥育猪转群后在饲料或水中添加电解质多维＋抗菌药物，连用7天；母猪每月在饲料中加入适量的抗菌药物进行预防，连用7天。

动物发病后，中药的效果优于西药，推荐方案如下：每吨饲料用龙胆皮、黄芩、大青叶、鱼腥草、蒲公英、一枝黄花、泽泻、茯苓、银花茎、桔梗、麻黄、甘草、连翘、石膏、枝子各 0.5 公斤，粉碎均匀添加。此外，也可配合使用干扰素、白介素等治疗。

七、猪传染性胃肠炎

猪传染性胃肠炎又称幼猪的胃肠炎，是一种高度接触传染性，以呕吐、严重腹泻、脱水，致 2 周龄内仔猪高死亡率为特征的病毒性传染病。猪传染性胃肠炎对首次感染的猪群造成的危害尤为明显。在短期内能引起各种年龄的猪 100% 发病，病势依日龄而异，日龄越小，病情愈重，死亡率也愈高，2 周龄内的仔猪死亡率达 90%~100%。康复仔猪发育不良，生长迟缓，在疫区的猪群中，患病仔猪较少，但断奶仔猪有时死亡率达 50%。

1. 病原

猪传染性胃肠炎病毒属于冠状病毒科冠状病毒属。病毒对乙醚、氯仿、去氧胆酸钠、次氯酸盐、氢氧化钠、甲醛、碘、碳酸以及季铵化合物等敏感；不耐光照，粪便中的病毒在阳光下 6 小时失去活性，病毒细胞培养物在紫外线照射下 30 分钟即可灭活。病毒不能在腐败的组织中存活。病毒对热敏感，56℃下 30 分钟能很快灭活；37℃下 4 天丧失毒力，但在低温下可长期保存，液氮中存放 3 年毒力无明显下降。

2. 流行特点

猪对猪传染性胃肠炎病毒最为易感。各种年龄的猪都可感染，而猪以外的动物如狗、猫、狐狸等不致病，但它们能带毒、排毒。

根据不同年龄猪的易感性，猪传染性胃肠炎可呈 3 种流行形式。其一呈流行性，对于易感的猪群，当猪传染性胃肠炎病毒入侵之后，常常会迅速导致各种年龄的猪发病，尤其在冬季，大多数猪表现不同程度的临诊症状；其二呈地方流行性，局限于经常有仔猪出生的猪场或不断增加易感猪如肥育猪的猪场中，虽然仔猪能从免疫后或从母猪乳汁中获得被动免疫，但受到时间和免疫能力的限制，当病毒感染力超过猪的免疫力时，猪将会受到感染。所以猪传染性胃肠炎病毒能长期存在于这些猪群中；其三呈周期性流行，常发生于猪传染性胃肠炎病毒重新侵入有免疫母猪的猪场，由于前一冬季感染猪在夏天或秋天已被屠宰，新进的架子猪和出栏猪便成为易感猪。

3. 临床表现与特征

一般2周龄以内的仔猪感染后12～24小时会出现呕吐，继而出现严重的水样或糊状腹泻，粪便呈黄色，常夹有未消化的凝乳块，恶臭，体重迅速下降，仔猪明显脱水，发病2～7天死亡，死亡率达100%；在2～3周龄的仔猪，死亡率在0～10%。断乳猪感染后2～4天发病，表现水泻，呈喷射状，粪便呈灰色或褐色，个别猪呕吐，在5～8天后腹泻停止，极少死亡，但体重下降，常表现发育不良，成为僵猪。有些母猪与患病仔猪密切接触反复感染，症状较重，体温升高、泌乳停止、呕吐、食欲不振和腹泻，也有些哺乳母猪不表现临诊症状。

主要的病理变化为急性肠炎，从胃到直肠可见程度不一的卡他性炎症。胃肠充满凝乳块，胃黏膜充血；小肠充满气体。肠壁弹性下降，管壁变薄，呈透明或半透明状；肠内容物呈泡沫状、黄色、透明；肠系膜淋巴结肿胀，淋巴管没有乳糜。心、肺、肾未见明显的病理肉眼病变。

病理组织学变化可见小肠绒毛萎缩变短，甚至坏死，与健康猪相比，绒毛缩短的比例为1∶7；肠上皮细胞变性，黏膜固有层内可见浆液性渗出和细胞浸润。肾由于曲细尿管上皮变性、尿管闭塞而发生细胞肿胀，脂肪变性。电子显微镜观察，可看到小肠上皮细胞的微绒毛、线粒体、内质网及其它细胞质内的成分变性，在细胞质空泡内有病毒粒子存在。

4. 诊断

（1）诊断要点　①具有严格的季节性，从每年12月到第2年的4月发病最多，发病高峰期为1～2月，夏季很少发病；②各种年龄猪均有易感性，10日龄以内的仔猪最为敏感，发病率和死亡率都很高；③短暂呕吐后继发频繁喷射状水样腹泻，粪便黄色、绿色或白色，哺乳仔猪还常伴有未消化的凝乳块；④剖检可见整个小肠气性膨胀，肠管胀满、弛缓，呈半透明状，肠壁菲薄而缺乏弹性；⑤肠黏膜绒毛严重萎缩。

（2）鉴别诊断　引起仔猪腹泻的疾病很多，对其进行鉴别诊断非常重要。本病应注意与仔猪白痢、仔猪副伤寒及猪轮状病毒感染等疾病鉴别。一般来说，这些疾病绒毛萎缩不像传染性胃肠炎这么严重。

（3）实验室诊断

① 病毒分离和鉴定：采集仔猪一段空肠，刮取内容物或空肠黏膜，制备病毒悬液。将病毒过滤液接种于PK15或ST单层细胞上，根据细胞病变特点进行鉴定。

② 免疫组化技术：免疫荧光法较常用，一般以小肠上皮细胞、肠内容物或粪便为被检材料，若免疫荧光试验呈阳性，并伴有腹泻症状，则几乎可以确诊。

③ 酶联免疫吸附试验。

④ 聚合酶链式反应。

5. 防制措施

（1）预防方法　平时注意不从疫区或病猪场引进猪只，以免传入本病。当猪群发生本病时，应即隔离病猪，以消毒药对猪舍、环境、用具、运输工具等进行消毒，尚未发病的猪应立即隔离到安全地方饲养。

（2）治疗方法　对冬春季产仔的母猪，在分娩前30天，用猪流行性腹泻传染性胃肠炎灭活苗注射3毫升，用高免血清和康复猪的抗凝血给新生仔猪皮下注射5～10毫升，有一定的预防和治疗作用。配合使用抗菌药物补液，以防止脱水与继发感染。猪发病期间，要适当停食或减食，及时补液。母猪全群可添加利诺＋抗病毒Ⅰ号饲喂；病猪（尤其是仔猪）在患病期间大量补充等渗葡萄糖氯化钠溶液，供给大量清水配合维多利饮水，可使较大的病猪加速恢复，减少仔猪死亡。对不能饮水的病仔猪应静注或腹腔注射糖盐水＋庆大霉素＋赛福＋碳酸氢钠或葡萄糖甘氨酸溶液（葡萄糖43.2克、氯化钠9.2克、甘氨酸6.6克、柠檬酸0.52克、柠檬酸钾0.1克、无水磷酸钾4.35克，溶于2升水中）；也可采用口服补液盐溶液灌服。

八、猪流行性腹泻

猪流行性腹泻是由病毒引起的仔猪和育肥猪的一种急性肠道传染病。本病与传染性胃肠炎很相似，在我国多发生在每年12月至翌年1~2月，夏季也有发病的报道。可发生于任何年龄的猪，年龄越小，症状越重，死亡率高。

1. 病原

猪流行腹泻病毒，属于冠状病毒科冠状病毒属。到目前为止，还没有发现本病毒有不同的血清型。本病毒对乙醚、氯仿敏感。病毒粒子呈现多形性，倾向圆形，外有囊膜。本病毒对乙醚、氯仿等敏感，对外界环境和消毒药抵抗力不强。一般消毒剂可将其灭活。

2. 流行特点

本病只发生于猪，各种年龄的猪都能感染发病。哺乳猪、架子猪或育肥猪的发病率很高，尤以哺乳猪受害最为严重，母猪发病率变动很大，约为15%~90%。病猪是主要传染源。病毒存在于肠绒毛上皮细胞和肠系膜淋巴结，随粪便排出后，污染环境、饲料、饮水、交通工具及用具等而传染。主要感染途径是消化道。如果一个猪场陆续有不少窝仔猪出生或断奶，病毒会不断感染失去母源抗体的断奶仔猪，使本病呈地方流行性，在这种繁殖场内，猪流行性腹泻可造成5~8周龄仔猪的断奶期顽固性腹泻。

3. 临床表现与特征

本病潜伏期一般为5~8天，临床表现与典型的猪传染性胃肠炎十分相似。哺乳仔猪发病症状明显，体温正常或稍偏高，表现呕吐、腹泻、脱水、运动僵硬等症状。呕吐多发生于哺乳和吃食后。

呕吐、腹泻的同时患猪伴有精神沉郁、厌食、消瘦及衰竭。症状的轻重与年龄大小有关，年龄越小、症状越重，1周内的哺乳仔猪常于腹泻后2～4天内因脱水死亡，病死率约50％。断奶猪、育成猪发病率很高，几乎达100％，但症状较轻，表现精神沉郁，有时食欲不佳、腹泻，可持续4～7天，逐渐恢复正常。

具有特征性的病理变化主要见于小肠。整个小肠肠管扩张，内容物稀薄，呈黄色、泡沫状，肠壁弛缓，缺乏弹性，变薄有透明感，肠黏膜绒毛严重萎缩。25％病例胃底黏膜潮红充血，并有黏液覆盖，50％病例见有小点状或斑状出血，胃内容物呈鲜黄色并混有大量乳白色凝乳块（或絮状小片），较大猪（14日龄以上猪）约10％病例可见有溃疡灶，靠近幽门区可见有较大坏死区。

剖检变化表现为尸体消瘦，皮肤暗灰色。皮下干燥，脂肪蜂窝组织表现不佳。肠管膨胀扩张，充满黄色液体，肠壁变薄，肠系膜充血，肠系膜淋巴结肿胀。镜下可见小肠绒毛缩短，上皮细胞核浓缩，胞浆嗜酸性变化。腹泻严重时，绒毛长度与隐窝比值由正常1∶1可降为3∶1。剖检病变局限于胃肠道。胃内充满内容物，外观呈特征性地弛缓。小肠壁变薄、半透明。显微病变从十二指肠至回肠末端，呈斑点状分布，受损区绒毛长度从中等到严重变短，变短的绒毛呈融合状，带有发育不良的刷状缘。

4. 诊断

本病在流行病学和临床症状方面与猪传染性胃肠炎无显著差别，只是病死率比猪传染性胃肠炎稍低，在猪群中传播的速度也较缓慢些。

猪流行性腹泻发生于寒冷季节，各种年龄都可感染，年龄越小，发病率和病死率越高，呕吐、水样腹泻和严重脱水，进一步确诊需依靠实验室诊断。

5. 防制措施

加强营养，控制霉菌毒素中毒，可以在饲料中添加一定比例的脱霉剂，同时加入高档维生素。提高温度，特别是配种舍、产房、保育舍。大环境温度配种舍不低于15℃、产房产前第一周为23℃、分娩第一周为25℃，以后每周降2℃，保育舍第一周28℃，以后每周降2℃，至22℃止；产房小环境温度用红外灯和电热板，第一周为32℃，以后每周降2℃。

定期做猪场保健，全场猪群每月一周同步保健，控制细菌性疾病的滋生。

发生呕吐腹泻后立即封锁病区和产房，尽量做到全部封锁。

本病无特效药治疗，通常应用对症疗法，可以减少仔猪死亡，促进康复。发病后要及时补水和补盐，给予大量的口服补液盐，防止脱水，用肠道抗生素防止继发感染可减少死亡率。可试用康复母猪抗凝血或高免血清每日口服10毫升，连用3天，对新生仔猪有一定治疗和预防作用。同时应立即封锁，严格消毒猪舍、用具及通道等。预防本病可在入冬前10~11月份给母猪接种弱毒疫苗，通过初乳可使仔猪获得被动免疫。

九、猪轮状病毒病

轮状毒病是由猪轮状病毒引起的猪急性肠道传染病，主要症状为厌食、呕吐、下痢，中猪和大猪为隐性感染，没有症状。

1. 病原

本病的病原体为呼肠孤病毒科轮状病毒属的猪轮状病毒。人和各种动物的轮状病毒在形态上无法区别。轮状病毒可分为A、B、C、D、E、F等6个群，其中C群和E群主要感染猪，而A群和B群也可感染猪。轮状毒对外界环境的抵抗力较强，在18~20℃的粪便和乳汁中，能存活7~9个月。

2. 流行特点

轮状病毒主要存在于病及带毒猪的消化道，随粪便排到外界环境后，污染饲料、饮水、垫草及土壤等，经消化道途径使猪感染。排毒时间可持续数天，可严重污染环境，加之病毒对外界环境有顽强的抵抗力，使轮状病毒在成猪、中猪之间反复循环感染，长期扎根猪场。另外，人和其它动物也可散播传染。本病多发生于晚秋、冬季和早春。各种年龄的猪都可感染，在流行地区由于大多数成年猪都已感染而获得免疫。因此，发病猪多是 8 周龄以下的仔猪，日龄越小的仔猪，发病率越高，发病率一般为 50%～80%，病死率一般为 10% 以内。

3. 临床表现与特征

本病潜伏期一般为 12～24 小时。常呈地方性流行。初期精神沉郁，食欲不振，不愿走动，有些吃奶后发生呕吐，继而腹泻，粪便呈黄色、灰色或黑色，为水样或糊状。症状的轻重决定于发病的日龄、免疫状态和环境条件，缺乏母源抗体保护的出生后几天的仔猪症状最重，环境温度下降或继发大肠杆菌病时，常使症状加重，病死率增高。通常 10～21 日龄仔猪的症状较轻，腹泻数日即可康复，3～8 周龄仔猪症状更轻，成年猪为隐性感染。

病变主要在消化道，胃壁弛缓，充满凝乳块和乳汁，肠管变薄，小肠壁薄呈半透明，内容物为液状，呈灰黄色或灰黑色，小肠绒毛缩短，有时小肠出血，肠系膜淋巴结肿大。

4. 诊断

本病多发生在寒冷季节，病猪多为幼龄，主要症状为腹泻。根据这些特点，可作出初步诊断。但是引起腹泻的原因很多，在自然病例中，往往发现有轮状病毒与冠状病毒或大肠杆菌的混合感染，使诊断复杂化。因此，必须通过实验室检查才能确诊。

（1）诊断要点　①多发生于冬季或早春寒冷季节；②多侵害幼龄动物，以 2～8 周龄哺乳仔猪和断奶仔猪最为严重；③突然发生水样腹泻；④发病率高，但病死率不高；⑤病变主要集中在消化道小肠。

（2）类症鉴别　该病与其它腹泻性疾病极易混淆，如猪传染性胃肠炎、猪流行性腹泻、仔猪白痢、仔猪黄痢等。对这几种常见的腹泻病加以鉴别对于治疗该病非常关键。

（3）实验室诊断　采取仔猪发病后 24 小时内的粪便，送实验室做电镜检查或免疫电镜检查。这种方法可迅速得出结果,成为检查轮状病毒最常用的方法。此外,乳胶凝集法、免疫荧光染色法、ELISA法、PCR法等也可用于本病的确诊。

5. 防制措施

(1) 加强饲养管理 ①新生仔猪注意防寒保暖,可令其较早吃到初乳,以得到母源抗体保护;②断奶仔猪供给全价饲料,提高其抗病力;③避免猪群密度过大,猪舍的粪便要及时清除,对地面、用具、工作服等设备要定期地进行消毒;④发现病猪,要立即隔离到清洁、干燥和温暖的猪舍,并加强护理,尽量减少应激因素,及时清除粪便及其污染的垫草,被污染的环境和器物应及时消毒。

(2) 疫苗接种 疫苗主要有2种类型,即弱毒苗与灭活苗。比较试验结果表明,接种弱毒苗能完全阻止发病和排毒,攻毒保护率达95%,而灭活苗各项指标都比较低。目前,中国农科院哈尔滨兽医研究所已研制出猪传染性胃肠炎-猪轮状病毒二联活疫苗,该疫苗安全有效、无副作用,具有明显的防疫效果。用法用量:经产母猪和后备母猪在产前5~6周和1周各肌内注射1毫升;新生仔猪喂乳前肌注1毫升,至少30分钟后再喂乳;架子猪、育肥猪和种公猪肌内注苗1毫升,免疫保护期6个月。由于被感染仔猪大多为1~10日龄仔猪,因此可采用被动免疫的方法,即仔猪吃了免疫母猪的初乳,可产生被动免疫,或者新生仔猪口服抗血清,也能得到保护。

(3) 对该病的治疗没有特效药,一旦发病,应采取对症治疗的措施。在治疗的同时要加强护理,做好防寒保暖,提供充足的饮水,最好在饮水中加入电解多维、黄芪、酵母免疫多糖和一些营养成分并停止哺乳或喂料。①葡萄糖盐溶液给发病猪口服补液,效果良好。方剂1:氯化钠3.5%、碳酸氢钠2.5克、氯化钾1.5克、葡萄糖20克、水1升混合溶解,每千克体重口服该补液30~40毫升,每日2次,同时,进行对症疗法,内服收敛剂,使用抗生素和磺胺药物,以防止继发感染。方剂2:葡萄糖43.2克、氯化钠9.2

克、甘氨酸 6.6 克、柠檬酸 0.52 克、柠檬酸钾 0.13 克、无水硫酸钾 4.35 克、水 2 升，混匀后供猪自由饮用。方剂 3：静脉注射 5% 葡萄糖盐水和 5% 碳酸氢钠溶液，可防止脱水和酸中毒。②注射抗生素防继发感染。方剂 1：上午注射黄连素 5 毫升，下午再注射硫酸庆大霉素或小诺霉素 15 万～20 万 IU＋阿托品 1 毫克＋复合维生素 B 150 毫克。也可采用氟苯尼考等抗生素。方剂 2：硫酸庆大小诺霉素 16 万～32 万单位、地塞米松注射液 2～4 毫克，一次肌内或后海穴注射，1 次/天，连用 2～3 天。

十、猪细小病毒病

猪细小病毒病是由猪细小病毒引起的一种猪繁殖障碍病，该病主要表现为胚胎和胎儿的感染和死亡，特别是初产母猪发生死胎、畸形胎和木乃伊胎，但母猪本身无明显的症状。

1. 病原

猪细小病毒病的病原是猪细小病毒，属于细小病毒科、细小病毒属的自主型细小病毒，血清型单一，很少发生变异。目前所有分离株的血凝活性、抗原性、理化特性及复制装配特性等均十分相似或完全相同。

2. 流行特点

不同年龄、性别的家猪和野猪均易感。传染源主要来自感染细小病毒的母猪和带毒的公猪，后备母猪比经产母猪易感染，病毒能通过胎盘垂直传播，感染母猪所产的死胎、仔猪及子宫内的排泄物中均含有很高滴度的病毒，而带毒猪所产的活猪可能带毒，排毒时间很长甚至终生。感染种公猪也是该病最危险的传染源，可在公猪的精液、精索、附睾、性腺中分离到病毒，种公猪通过配种传染给易感母猪，并使该病传播扩散。污染的猪舍是猪细小病毒的主要储藏所。在病猪移出、空圈 4.5 个月，经彻底清扫后，再放进易感猪，仍可被感染。污染的食物及猪的唾液等均能长久地存在传染性。仔猪、胚胎、胎猪通过感染母猪发生垂直感染；公猪、肥育猪和母猪主要是经污染的饲料、环境经呼吸道、生殖道或消化道感染；初产母猪的感染多数是经与带毒公猪配种时发生的，鼠类也能传播本病。

本病具有很高的感染性，猪群一旦感染，3个月内几乎可导致猪群100%感染；感染群的猪只，较长时间保持血清学反应阳性。本病多发生于春、夏季节或母猪产仔和交配季节。母猪怀孕早期感染时，胚胎、胎猪死亡率可高达80%~100%。母猪在怀孕期的前30~40天最易感染，孕期不同时间感染分别会造成死胎、流产、木乃伊、产弱仔猪和母猪久配不孕等不同症状。

3. 临床表现与特征

猪群暴发此病时常与木乃伊、窝仔数减少、母猪难产和重复配种等临床表现有关。在怀孕早期30~50天感染，胚胎死亡或被吸收，使母猪不孕和不规则地反复发情。怀孕中期50~60天感染，胎儿死亡之后，形成木乃伊，怀孕后期60~70天以上的胎儿有自发免疫能力，能够抵抗病毒感染，则大多数胎儿能存活下来，但可长期带毒。

病变主要在胎儿，可见感染胎儿充血、水肿、出血、体腔积液、脱水（木乃伊化）及坏死等病变。在非妊娠母猪没有发现大体病变和镜下病变，怀孕母猪在自然感染时也没有大体病理变化，但在妊娠后于子宫内人工接种病毒，可以出现固有膜深层和子宫内膜区域出现单核细胞的聚集，导致胎猪出现组织病理变化，引起胎儿的细胞浸润，在胎儿的大脑、脊髓和眼结膜有浆细胞和淋巴细胞形成的血管套，但是子宫的病变更加明显。

妊娠早期的胎儿免疫力低下，感染后可以出现较多肉眼变化，包括不同程度的发育不良，偶尔可见充血和血液渗入组织内，伴随体腔内浆液性渗出物的瘀积，出现瘀血、水肿和出血，胎儿死亡后随着逐渐变成黑色，体液被重吸收后，呈现"木乃伊化"。由于病毒和病毒抗原大量分布于感染的胚胎组织，死亡胎儿的镜下病变主要是多数组织和血管广泛的坏死。

4. 诊断

猪细小病毒感染可以依据临诊症状和流行病学做出初步诊断。一般认为，如果仅妊娠母猪发生流产、死胎、木乃伊胎、胎儿发育异常等繁殖障碍症状，同时有证据表明是传染性疾病时，应考虑到猪细小病毒感染的可能，但是进一步确诊必须进行实验室诊断。自从首次报道猪细小病毒病以来，国内外学者对该病的诊断方法进行了大量研究，从病毒分离鉴定、血凝及血凝抑制试验、酶联免疫吸附试验、荧光抗体试验、乳胶凝集试验等，到核酸探针、聚合酶链式反应等。但是各种诊断方法各有利弊，其中血凝及血凝抑制试验已经得到了国内外学者的普通认可，在临诊检测中被广泛应用。

本病应与流行性乙型脑炎、伪狂犬病、猪繁殖与呼吸障碍综合征、慢性非典型猪瘟、衣原体感染、猪布氏杆菌病等疾病进行鉴别区分。

5. 防制措施

（1）预防　采取综合性防制措施：细小病毒对外界环境的抵抗力很强，要使一个无感染的猪场保持下去，必须采取严格的卫生措施，尽量坚持自繁自养，如需要引进种猪，必须从无细小病毒感染的猪场引进。当HI滴度在1∶256以下或阴性时，方准许引进。引进后严格隔离2周以上，当再次检测HI阴性时，方可混群饲养。发病猪场，应特别防止小母猪在第一胎采食时被感染，可把其配种期拖延至9月龄时，此时母源抗体已消失（母源抗体可持续平均21周），通过人工主动免疫使其产生免疫力后再配种。

疫苗预防。近年来，公认使用疫苗是预防猪细小病毒病、提高母猪抗病力和繁殖率的有效方法。疫苗包括活疫苗与灭活苗。活疫苗产生的抗体滴度高，且维持时间较长，而灭活苗的免疫期比较短，一般只有半年。疫苗注射可选在配种前几周进行，以使怀孕母猪于易感期保持坚强的免疫力。为防止母源抗体的干扰，可采用两次注射法或通过测定HI滴度以确定免疫时间，抗体滴度大于1∶20时，不宜注射，抗体效价高于1∶80时，即可抵抗猪细小病毒感染。在生产上为了给母猪提供坚强的免疫力，最好猪每次配种前都进行免疫，可以通过用灭活油乳剂苗两次注射，以避开体内已存在的被动免疫力的干扰。将猪在断奶时从污染群移到没有细小病毒污染的地方进行隔离饲养，也有助于本病的净化。

要严格引种检疫，做好隔离饲养管理工作，对病死尸体及污物、场地，要严格消毒，做好无害化处理工作。

（2）治疗

① 肌内注射黄芪多糖注射液，每日2次，连用3~5天。

② 对延时分娩的病猪及时注射前列腺烯醇注射液引产，防止胎儿腐败，滞留子宫引起子宫内膜炎及不孕。

③ 对心功能差的使用强心药，机体脱水的要静脉补液。

十一、猪日本乙型脑炎

日本乙型脑炎又名流行性乙型脑炎，是由日本乙型脑炎病毒引起的一种急性人畜共患传染病。猪主要特征为高热、流产、死胎和公猪睾丸炎。

1. 病原

乙型脑炎病毒是黄病毒科中最小的病毒之一，病毒粒子的直径为30纳米左右；只有一个血清型，但病毒毒力有强弱之分。乙型脑炎病毒的抗原性较强，自然感染和人工感染一般都能产生较高效价的中和抗体、血凝抑制抗体和补体结合抗体。

2. 流行特点

乙型脑炎的流行在热带地区无明显的季节性，全年均可出现流行或散发，而在温带和亚热带地区则有严格的季节性，这是由于蚊虫的繁殖活动及病毒在蚊虫体内的增殖均需一定的温度所致；根据我国多年统计资料，约有90%的病例发生在7、8、9三个月内，而在12月至次年的4月几乎无病例发生。流行高峰华中地区多在7~8月，华南及华北地区由于气候特点，流行较华中地区提早或推迟1个月。乙型脑炎的发病形式具有高度散发特点，但在局部地区大流行也时有发生。

在乙型脑炎的流行中,蚊虫是主要的传播媒介。能传播本病的蚊种很多,至目前为止,世界范围内分离到乙型脑炎病毒的蚊种有5属30多个蚊种。国内已有20多种。大量的生态学调查和流行病学观察证实,三带喙库蚊在乙型脑炎自然循环和传播中都起着重要作用,同时了解到该蚊与乙型脑炎的流行密切相关,并且是乙型脑炎疫区内优势蚊种之一。猪是乙型脑炎的危害对象,同时猪也起着主要贮存宿主的作用。

3. 临床表现与特征

猪只感染乙脑时,临诊上几乎没有脑炎症状的病例;猪常突然发生,体温升至40~41℃,稽留热,病猪精神萎靡,食欲减少或废绝,粪干呈球状,表面附着灰白色黏液;有的猪后肢呈轻度麻痹,步态不稳,关节肿大,跛行;有的病猪视力障碍;最后麻痹死亡。妊娠母猪突然发生流产,产出死胎、木乃伊和弱胎,母猪无明显异常表现,同胎也见正产胎儿。公猪除有一般症状外,常发生一侧性睾丸肿大,也有两侧性的,患病睾丸阴囊皱襞消失、发亮,有热痛感,约经3~5天后肿胀消退,有的睾丸变小变硬,失去配种繁殖能力。如仅一侧发炎,仍有配种能力。

流产胎儿脑水肿,皮下血样浸润,肌肉似水煮样,腹水增多;木乃伊胎儿从拇指大小到正常大小;肝、脾、肾有坏死灶;全身淋巴结出血;肺瘀血、水肿。子宫黏膜充血、出血和有黏液。胎盘水肿或见出血。公猪睾丸实质充血、出血和小坏死灶;睾丸硬化,体积缩小,与阴囊粘连,实质结缔组织化。

4. 诊断

由于本病隐性感染机会多,血清学反应都会出现阳性,需采取双份血清,检查抗体上升情况,结合临诊症状,才有诊断价值。须与布鲁菌病、伪狂犬病等鉴别。

5. 防制措施

本病无治疗方法,一旦确诊最好淘汰。做好死胎儿、胎盘及分泌物等的处理；驱灭蚊虫，注意消灭越冬蚊；在流行地区猪场，每年在蚊虫开始活动前1~2个月，对全群公母猪，应用乙型脑炎弱毒疫苗进行预防注射，有较好的预防效果。

为了提高猪群的特异性免疫力，可接种乙脑疫苗，这项措施，不但可以预防乙脑流行，还可降低猪只的带毒率，控制本病的传染源，也为控制人群中乙脑的流行发挥重要作用。

十二、猪流行性感冒

猪流行性感冒是猪的一种急性、传染性呼吸器官疾病。其特征为突发咳嗽、呼吸困难、发热及迅速转归。该病由甲型流感病毒（A型流感病毒）引发，通常暴发于猪群，传染性很高但通常不会引发死亡。

1. 病原

猪流感病毒是猪群中一种可引起地方性流行性感冒的正黏液病毒，世界卫生组织2009年4月30日将猪流感的新型致命病毒更名为H1N1甲型流感病毒。甲型H1N1流感病毒是A型流感病毒，携带有H1N1亚型猪流感病毒毒株，包含有禽流感、猪流感和人流感三种流感病毒的核糖核酸基因片段，同时拥有亚洲猪流感和非洲猪流感病毒特征。

2. 流行特点

各个年龄、性别和品种的猪对本病毒都有易感性。本病的流行有明显的季节性，天气多变的秋末、早春和寒冷的冬季易发生。本病传播迅速，常呈地方性流行或大流行。本病发病率高，死亡率低（4%~10%）。病猪和带毒猪是猪流感的传染源，患病痊愈后猪带毒6~8周。猪流行性感冒的特征为突然发病，迅速蔓延全群，主要症状为上呼吸道感染，该病也常继发猪副嗜血杆菌病。

3. 临床表现与特征

该病的发病率高，潜伏期为2~7天，病程1周左右。发病初期病猪突然发热，体温升高至40~41.5℃，精神不振，食欲减退或废绝，常横卧在一起，不愿活动；眼鼻流出黏液，眼结膜充血；呼吸困难，激烈咳嗽，呈腹式呼吸，犬坐姿势，夜里可听到病猪哮喘声，个别病猪关节疼痛，尤其是膘情较好的猪发病较严重。如果在发病期治疗不及时，则易并发支气管炎、肺炎和胸膜炎等，提高猪的病死率。

猪流感的病理变化主要在呼吸器官。剖检可见喉、气管及支气管充满含有气泡的黏液，黏膜充血、肿胀，时而混有血液，小支气管和细支气管内充满泡沫样渗出液。胸腔、心包腔蓄积大量混有纤维素的浆液。肺脏的病变常发生于尖叶、心叶、叶间叶、膈叶的背部与基底部，与周围组织有明显的界线，颜色由红至紫，塌陷、坚实，韧度似皮革，脾脏肿大，颈部淋巴结、纵隔淋巴结、支气管淋巴结肿大多汁。

4. 诊断

根据流行病史、发病情况、临床症状和病理变化，即可初步诊断。

由于猪的流行性感冒不一定总是以典型的形式出现，并且与其它呼吸道疾病又很相似，所以，临床诊断只能是假定性的。在秋季或初冬，猪群中发生呼吸道疾病就可怀疑为猪流行性感冒。

暴发性地出现上呼吸道综合征，包括结膜炎、喷嚏和咳嗽以及低死亡率，可以将猪流行性感冒与猪的其它上呼吸道疾病区别开。在鉴别诊断时，应注意猪气喘病和本病的区别，二者最易混淆。

5. 防制措施

猪群发病是由于气候变化、畜主饲养场圈舍简陋、饲养管理水平低下，导致猪群发生流行性感冒，同时因病情时间稍长，以致病猪继发感染副猪嗜血杆菌病。本病应加强饲养管理，定期消毒，对患猪要早发现、早治疗，且要按疗程用药。

（1）预防措施

① 加强饲养管理，提高猪群的营养需求，定时清洁环境卫生，对已患病的猪只及时进行隔离治疗。

② 清开灵注射液＋盐酸林可霉素注射液＋强效阿莫西林，按每千克体重 0.2～0.5 毫升，混合，肌内注射，每日一次，连用 3 天。

③ 在饲料中混入抗病毒 I 号粉（1 袋/400 公斤料）＋强力霉素 300 毫克/千克，混合均匀。连续拌料 10 天；同时饮水中加入电解多维。

④ 中药荆防败毒散防治猪流感有特效。

⑤ 及时隔离，栏圈、饲具要用 2% 火碱溶液消毒、剩料剩水深埋或无害化处理，在猪的饲粮中加入 0.05% 的盐酸吗啉胍（病毒灵）饲喂 1 周。

⑥ 用绿豆 250 克，柴胡、板蓝根各 100 克，加水 10 公斤煮取清给猪饮水，有较好的预防作用。

（2）治疗　治疗对病猪要对症治疗，防止继发感染。可选用：15% 盐酸吗啉胍（病毒灵）注射液，按猪体重每千克用 25 毫克，肌内注射，每日 2 次，连注 2 天。30% 安乃近注射液，按猪体重每千克用 30 毫克，肌内注射，每日 2 次，连注 2 天。如全群感染，可用中药拌料喂服。中药方：荆芥、金银花、大青叶、柴胡、葛根、黄芩、木通、板蓝根、甘草、干姜各 25～50 克（每头计体重 50 公斤左右），把药晒干，粉碎成细面，拌入料中喂服，如无食欲，可煎汤喂服，一般 1 剂即愈，必要时第 2 天再服 1 剂。

治疗：①百尔定注射液 4～6 毫升肌内注射；或安乃近注射液 4～10 毫升肌内注射，每天 1 次。②酵母片 20～60 片、人工盐 10～30 克，共研成末混入饲料喂饲，每天 1 次，连用 3 天。

十三、猪伪狂犬病

猪伪狂犬病是由伪狂犬病病毒引起的一种急性传染病。感染猪体温升高，新生仔猪主要表现神经症状，还可侵害消化系统。成年猪常为隐性感染，妊娠母猪感染后可引起流产、死胎及呼吸系统症状，无奇痒。公猪表现为繁殖障碍和呼吸系统症状。本病 1813 年

第一章 猪的传染病防治技术

首次发生于美国，1902年证明为病毒引起。本病广泛分布于世界各国，在我国也广泛存在，是最重要的猪传染病之一，一旦发病，很难根除，给养猪业造成了巨大损失。

1. 病原

伪狂犬病毒属于疱疹病毒科、猪疱疹病毒属。目前多种与毒力和免疫原性相关的基因均已被定位和测序。伪狂犬病毒属于高度潜伏感染的病毒，而且这种潜伏感染随时都有可能被机体内外和环境变化的应激因素刺激而引起暴发。

2. 流行特点

伪狂犬病毒在全世界分布广泛。自然发生于猪、牛、绵羊、犬和猫，另外，多种野生动物、肉食动物也易感。水貂、雪貂因饲喂含伪狂犬病毒的猪下脚料也可引起伪狂犬病的暴发。实验动物中家兔最为敏感，小鼠、大鼠、豚鼠等也能感染。

猪是伪狂犬病毒的贮存宿主，病猪、带毒猪以及带毒鼠类为本病的重要传染源。不少学者认为，其它动物感染本病与接触猪、鼠有关。在猪场，伪狂犬病毒主要通过已感染猪排毒而传给健康猪，另外，被伪狂犬病毒污染的工作人员和器具在传播中起着重要的作用。空气传播则是伪狂犬病毒扩散的最主要途径。在猪群中，病毒主要通过鼻分泌物传播，另外，乳汁和精液也是可能的传播媒介。

伪狂犬病的发生具有一定的季节性，多发生在寒冷的季节，其它季节也有发生。猪发生伪狂犬病后，其临诊症状因日龄而异，成年猪一般呈隐性感染，怀孕母猪可导致流产、死胎、木乃伊胎和种猪不育等综合症候群。15日龄以内的仔猪发病死亡率可达100%，断奶仔猪发病率可达40%，死亡率20%左右；对成年肥猪可引起生长停滞、增重缓慢等。

3. 临床表现与特征

伪狂犬病毒的临诊表现主要取决于感染病毒的毒力和感染量，以及感染猪的年龄。幼龄猪感染伪狂犬病毒后病情最重。

新生仔猪感染伪狂犬病毒会引起大量死亡，临诊上新生仔猪第

1天表现正常,从第2天开始发病,3~5天内是死亡高峰期,有的整窝死光。同时,发病仔猪表现出明显的神经症状、昏睡、鸣叫、呕吐、腹泻,一旦发病,1~2天内死亡。剖检主要是肾脏布满针尖样出血点,有时见到肺水肿、脑膜表面充血、出血。15日龄以内的仔猪感染本病者,病情极严重,发病死亡率可达100%。仔猪突然发病,体温上升达41℃以上,精神极度委顿、发抖、运动不协调、痉挛、呕吐、腹泻,极少康复。断奶仔猪感染伪狂犬病毒,发病率在20%~40%,死亡率在10%~20%,主要表现为神经症状、腹泻、呕吐等。成年猪一般为隐性感染,若有症状也很轻微,易于恢复。主要表现为发热、精神沉郁,有些病猪呕吐、咳嗽,一般于4~8天内完全恢复。怀孕母猪可发生流产、产木乃伊胎儿或死胎,其中以死胎为主。无论是头胎母猪还是经产母猪都发病,而且没有严格的季节性,但以寒冷季节即冬末春初多发。据近年来的报道,奇痒症状以往在猪罕见,但目前则常可见到。

伪狂犬病的另一发病特点是表现为种猪不育症。近几年发现有的猪场春季暴发伪狂犬病,出现死胎,或断奶仔猪患伪狂犬病后,紧接着下半年母猪配不上种,返情率高达90%,有反复配种数次都配不上的。此外,公猪感染伪狂犬病毒后,表现出睾丸肿胀、萎缩、丧失种用能力。

伪狂犬病毒感染一般无特征性病变。眼观主要见肾脏有针尖状出血点,其它肉眼病变不明显。可见不同程度的卡他性胃炎和肠炎,中枢神经系统症状明显时,脑膜明显充血,脑脊髓液量过多,肝、脾等实质脏器常可见灰白色坏死病灶,肺充血、水肿和坏死点。子宫内感染后可发展为溶解坏死性胎盘炎。

组织学病变主要是中枢神经系统的弥散性非化脓性脑膜脑炎及神经节炎,有明显的血管套及弥散性局部胶质细胞坏死。在脑神经细胞内、鼻咽黏膜、脾及淋巴结的淋巴细胞内可见核内嗜酸性包涵体和出血性炎症。有时可见肝脏小叶周边出现凝固性坏死。肺泡隔核小叶质增宽,淋巴细胞、单核细胞浸润。

4．诊断

根据疾病的临诊症状，结合流行病学，可做出初步诊断，确诊必须进行实验室检查。同时要注意与猪细小病毒、流行性乙型脑炎病毒、蓝耳病病毒、猪瘟病毒、弓形虫及布鲁菌等引起的母猪繁殖障碍相区别。

（1）病毒分离鉴定　病毒的分离鉴定是诊断伪狂犬病的可靠方法。患病动物的脑、心、肝、脾、肺、肾、扁桃体等多种病料均可用于病毒的分离，但以脑组织和扁桃体最为理想。病料处理后可直接接种敏感细胞，如猪肾传代细胞、仓鼠肾传代细胞或鸡胚成纤维细胞，在接种后24～72小时内可出现典型的细胞病变。不具备细胞培养条件时，可将处理的病料直接接种家兔，根据家兔的临诊表现做出判定。

（2）组织切片荧光抗体检测　取患病动物的病料如脑或扁桃体的压片或冰冻切片，用直接免疫荧光检查，在几小时内即可获得可靠结果。

（3）PCR检测　利用PCR可从患病动物的分泌物如鼻咽拭子或组织病料中扩增猪伪狂犬病病毒的基因，从而对患病动物进行确诊。

（4）血清学诊断　多种血清学方法可用于伪狂犬病的诊断，应用最广泛的有中和试验、酶联免疫吸附试验、乳胶凝集试验、补体结合试验及间接免疫荧光等。

5．防制措施

控制伪狂犬病，应采取综合性措施，如引种时的检疫、加强环境的消毒及灭鼠等。主要工作包括以下几点：①在没有伪狂犬病或流行率低的地区，如果发现野毒感染的血清学阳性猪采取扑杀对策，旨在降低由于感染本病后引起的严重临床症状，减少经济损失，也降低环境中的病毒含量；②在伪狂犬病呈地方流行地区，实行广泛的免疫接种；③经常监测疫情并采取综合性防制措施。但是考虑到目前我国该病的发病率较高、流行较广，采取淘汰扑杀阳性猪为时过早，应采取高密度接种，提高猪群整体免疫力，降低本病造成的损失，待发病率明显降低后，再结合使用鉴别诊断方法，从种猪场着手剔除野毒感染猪。

本病尚无有效治疗药物，疫苗的免疫接种是预防和控制猪伪狂犬病的根本措施。除了免疫预防之外，还应采取综合性措施来控制猪伪狂犬病，如引种时加强检验检疫、定期对环境进行消毒、严格控制人员来往、灭鼠、经常进行疫情监测等。

第二节 猪的细菌性传染病

一、猪丹毒

猪丹毒主要由红斑丹毒丝菌感染引起的一种急性热性传染病，以高热、急性败血症、皮肤疹块（亚急性）、慢性疣状心内膜炎及皮肤坏死与多发性非化脓性关节炎（慢性）为特征。急性型发病率高，对生猪养殖业造成巨大影响。

1. 病原

猪丹毒杆菌是一种革兰氏阳性菌，具有明显的形成长丝的倾向。本菌为平直或微弯纤细小杆菌，大小为（0.2～0.4）毫米×（0.8～2.5）毫米。在病料内的细菌，单在、成对或成丛排列，在白细胞内一般成丛存在，在陈旧的肉汤培养物内和慢性病猪的心内膜疣状物中，多呈长丝状，有时很细。本菌对盐腌、火熏、干燥、腐败和日光等自然环境的抵抗力较强。

在病死猪的肝、脾内4℃159天，毒力仍然强大。露天放置27天的病死猪肝脏，深埋1.5米231天的病猪尸体，12.5%食盐处理并冷藏于4℃148天的猪肉中，都可以分离到猪丹毒杆菌。在一般消毒药，如2%福尔马林、1%漂白粉、1%氢氧化钠或5%碳酸中很快死亡。对热的抵抗力较弱，肉汤培养物于50℃经12～20分钟、70℃5分钟即可杀死。本菌的耐酸性较强，猪胃内的酸度不能杀死它，因此可经胃而进入肠道。

2. 流行特点

猪丹毒病一年四季都可发生，呈散发或地方流行。北方地区多发生在夏秋之间的雨季最热的时候，而南方地区冬春两季发病率高。在自然条件下，猪对该菌最敏感。本病主要发生于架子猪，其它家畜和禽类也有病例报告。人也可以感染本病，称为类丹毒。病猪和带菌猪是本病的传染源。约35%～50%健康猪的扁桃体和其它淋巴组织中存在此菌。病猪、带菌猪以及其它带菌动物（分泌物、排泄物）排出菌体污染饲料、饮水、土壤、用具和场舍等，经消化道传染给易感猪。本病也可以通过损伤皮肤及蚊、蝇、虱、蝉等吸血昆虫传播。屠宰场、加工场的废料、废水，食堂的残羹，动物性蛋白质饲料（如鱼粉、肉粉等）喂猪常常引起发病。

3. 临床表现与特征

通常情况下，自然感染的猪丹毒病潜伏期约为3～5天，有时可短到24小时，偶尔也长达7天。由于猪的自身抵抗力与病毒毒力强弱不同而有所区别，常见的可分为急性型、亚急性型和慢性型。在各地常见的以急性型和亚急性型较多，慢性型的较少。

（1）急性型　此型常见，以突然暴发、急性经过和高死亡为特征。病猪精神不振、高烧不退，不食、呕吐，结膜充血，粪便干硬，附有黏液。小猪后期下痢，耳、颈、背皮肤潮红、发紫，临死前腋下、股内、腹内有不规则鲜红色斑块，指压褪色后而融合一起，常于3～4天内死亡。病死率80%左右，耐过者转为疹块型或慢性型。哺乳仔猪和刚断乳的小猪发生猪丹毒时，一般突然发病，表现神经症状，抽搐，倒地而死，病程多不超过1天。

（2）亚急性型（疹块型）　病较轻，头一两天在身体不同部位，尤其胸侧、背部、颈部至全身出现界限明显，圆形、四边形，有热感的疹块，俗称"打火印"，指压退色。疹块突出皮肤2～3毫米，大小约一至数厘米，从几个到几十个不等，干枯后形成棕色痂皮。病猪口渴、便秘、呕吐、体温高。疹块发生后，体温开始下降，病势减轻，病猪自行康复。也有不少病猪在发病过程中，症状恶化而转变为败血型而死。病程约1～2周。

（3）慢性型　由急性型或亚急性型转变而来，也有原发性，常见的有慢性关节炎、慢性心内膜炎和皮肤坏死等几种。

慢性关节炎型主要表现为四肢关节（腕、跗关节较膝、髋关节最为常见）的炎性肿胀，病腿僵硬、疼痛。以后急性症状消失，而以关节变形为主，呈现一肢或两肢的跛行或卧地不起。病猪食欲正常，但生长缓慢，体质虚弱，消瘦。病程数周或数月。

慢性心内膜炎型主要表现消瘦，贫血，全身衰弱，喜卧，厌走动，强使行走，则举止缓慢，全身摇晃。听诊心脏有杂音，心跳加速、亢进，心律不齐，呼吸急促。此种病猪不能治愈，通常由于心脏麻痹突然倒地死亡。溃疡性或椰菜样疣状赘生性心内膜炎。心律不齐、呼吸困难、贫血。病程数周至数月。

慢性型猪丹毒有时形成皮肤坏死。常发生于背、肩、耳、蹄和尾等部。局部皮肤肿胀、隆起、坏死、色黑、干硬、似皮革。逐渐与其下层新生组织分离，犹如一层甲壳。坏死区有时范围很大，可以占整个背部皮肤；有时可在部分耳壳、尾巴末梢、各蹄壳发生坏死。约经2～3个月坏死皮肤脱落，遗留一片无毛、色淡的疤痕而愈。如有继发感染，则病情复杂，病程延长。

本病临床病理表现如下：

（1）急性型　胃底及幽门部发生弥漫性出血，小点出血；整个肠道都有不同程度的卡他性或出血性炎症；脾肿大，呈典型的败血脾；肾瘀血、肿大，有"大紫肾"之称；淋巴结充血、肿大，切面外翻，多汁，肺脏瘀血、水肿。

（2）亚急性型　充血斑中心可因水肿压迫呈苍白色。

（3）慢性型

① 内膜炎：在心脏可见到疣状心内膜炎的病变，二尖瓣和主动脉瓣出现菜花样增生物。

② 关节炎：关节肿胀，有浆液性、纤维素性渗出物蓄积。

4. 诊断

根据临床症状和试验室分离鉴定病原进行诊断。这种病原很容易培养。血清学试验结果只能说明患猪接触过病原，不足以当作确诊依据，必须间隔 14 天作两次血清学试验，如果结果都是滴度升高，才可以用来辅助诊断。

5. 防制措施

若发生本病后，立即对养殖场进行封锁，病猪进行隔离，用 10% 石灰乳对其用具、猪舍、污染过的环境进行消毒，对同群未发病的猪进行药物治疗。治疗猪丹毒病的药物众多，兽医人员要结合实际情况科学选择。

首选药物为青霉素类（阿莫西林）、头孢类（头孢噻呋钠）。对该细菌应一次性给予足够药量，以迅速达到有效血药浓度。

如果生长猪群不断发病，则有必要采取免疫接种。

二、猪链球菌病

猪链球菌病由链球菌感染所引起，多发于管理水平低、消毒不严格和环境卫生差的猪场，每年都会对养猪业造成较大的经济损失，是临床重点防控的细菌性疾病之一。链球菌病临床多发，以地方流行为主，病猪根据症状表现不同分为败血型、脑膜炎型和淋巴脓肿型三种，败血型发病较急，临床主要表现全身症状，脑膜炎型病灶集中在中枢神经，病猪以神经症状表现为主，淋巴肿胀型则表现淋巴结化脓性病变。

1. 病原

猪链球菌是一种革兰阳性球菌，呈链状排列，无鞭毛，不运动，不形成芽孢，但有荚膜。为兼性厌氧菌，但在无氧时溶血明显，培养最适温度为 37℃。菌落细小，直径 1~2 毫米，透明、发亮、光滑、圆形、边缘整齐，在液体培养中呈链状。到目前为止，共有 35 个血清型（1~34，1/2 型），最常见的致病血清型为 2 型。猪链球菌常污染环境，可在粪、灰尘及水中存活较长时间。该菌在

60℃水中可存活10分钟，50℃为2小时。在4℃的动物尸体中可存活6周；0℃时灰尘中的细菌可存活1个月，粪中则为3个月；25℃时在灰尘和粪中则只能存活24小时及8天。苍蝇携带猪链球菌Ⅱ型至少长达5天，污染食物可长达4天。猪链球菌的主要毒力因子包括荚膜多糖、溶菌酶释放蛋白、细胞外因子以及溶血素等。其中溶菌酶释放蛋白及细胞外蛋白因子是猪链球菌Ⅱ型的两种重要毒力因子。

2. 流行特点

猪链球菌病在世界范围内流行，欧美、南亚、东亚和大洋洲是发病重灾区，我国以地方流行为主，无论是仔猪、育肥猪，还是种猪都能感染发病，病原主要通过呼吸道、消化道和受损的皮肤黏膜感染，注射疫苗或药物时如果针头未消毒也能导致本病的扩散。病猪和潜伏期感染猪是本病的主要传染源，一年四季均可发生，以5～11月发生较多。

3. 临床表现与特征

（1）急性败血型

本型为C群链球菌、类马链球菌、D群链球菌和L群链球菌在血中增殖引起全身症状的急性、热性、败血性传染病。5～11月份多发。最急性型不出现症状即死亡。急性型体温升高至41～43℃，食欲废绝、震颤、耳、颈下、腹部出现紫斑，如不及时治疗死亡率很高。此类型多发生于架子猪、育肥猪和怀孕母猪，是本病中危害最严重的类型。

（2）心内膜炎型　本型不容易生前发现和诊断，多发于仔猪，突然死亡或呼吸困难，皮肤苍白或体表发绀，很快死亡，往往与脑膜炎型并发。

（3）脑膜炎型　除体温升高、拒食外，出现神经症状，磨牙、转圈、头向上仰、运动失调，后期四肢划水样动作，最后昏迷死亡。

（4）关节炎型　通常先出现于1～3日龄的幼猪，仔猪也可发生。表现为跛行和关节肿大，呈高度跛行，不能站立，体温升高，被毛粗乱。由于抢不上吸乳而逐渐消瘦。

(5) 化脓性淋巴结型　颌下淋巴结化脓性炎症常见，咽、耳下、颈部等淋巴结也可发生。肿胀、硬固、热痛，可影响采食，一般不引起死亡。

经过对病猪的解剖，可以观察到急性败血型表现为血液凝固不良或者不凝固，皮下、腹膜、浆膜出血，鼻腔、喉头及气管黏膜充血。肺肿胀、充血；全身淋巴结肿胀、出血、颜色变暗；心包有时有淡黄色积液，心内膜出血；脾肿大、出血，有时可增大3倍，色暗红至暗黑；肾肿大、出血；胃及小肠黏膜充血、出血；浆膜腔、关节腔有时出现渗出物；脑膜充血或出血。脑膜炎型除了以上主要症状外，仍表现为脑膜充血和出血，脑膜下有时见积液，脑组织病变有点状出血。关节炎型个体往往瘦弱，内脏病变较不明显，关节腔内肿胀充满透明乃至黄色胶冻样黏液和渗出物；淋巴结肿胀明显。

4. 诊断

根据流行特点、典型症状及剖检变化，常可作出初步诊断。为了确诊应进一步作细菌检查，可采取病猪或死猪的脓汁、血、脑、肝、脾等组织作抹片，染色、镜检，如发现呈链状排列的革兰氏阳性球菌，即可确诊。条件许可还可以进行分离培养和动物试验。

本病应该注意与猪瘟、猪丹毒和猪肺疫相区别。

5. 防制措施

防治猪链球菌病应着眼于减少应激因素，不使猪过度拥挤，加强通风。保持猪舍和场地环境清洁并坚持猪栏和环境的消毒制度。同时将"猪链球多价灭活苗"的预防注射列入常规免疫程序。

对链球菌敏感的抗生素可用于治疗本病，临床常用头孢噻呋、头孢喹肟、氨苄西林、复方阿莫西林、氟苯尼考、磺胺嘧啶等进行治疗。

三、猪肺疫

猪肺疫是由多杀伤性巴氏杆菌感染而引发的疾病,又被称作"肿脖瘟"或者"锁喉风"。急性型表现为败血症,咽喉高度肿胀,伴随严重的呼吸困难。一般情况下发生在流感、寄生虫病、猪瘟和气喘病等疾病之后。猪肺疫对多种动物和人均有致病性,以猪最易感,无明显季节性发生,但以冷热交替、气候剧变、潮湿、多雨时发生较多,营养不良、长途运输、饲养条件改变、不良等因素促进本病发生,经常集中发病。

1. 病原

多杀性巴氏杆菌是两端钝圆、中央微凸的短杆菌,革兰染色阴性,大小为0.5~1微米。病料组织或体液涂片用瑞氏或姬姆萨氏法或美蓝染色镜检,菌体多呈现卵圆形,明显两极浓染,不运动,有荚膜,不产芽孢。

2. 流行特点

病猪和健康带菌猪是主要传染源。病原体随病猪的分泌物排出体外,经呼吸道、消化道及损伤的皮肤感染,带菌猪过劳、受寒、感冒、饲养管理不当等因素,使动物抵抗力降低时,可发生内源感染。流行特征:本病无明显的季节性,一般为散发,有时也呈地方性流行。

3. 临床表现与特征

根据病程长短和临床表现分为最急性、急性和慢性型。最急性型:未出现任何症状,突然发病,迅速死亡。病程稍长者表现体温升高到41~42℃,食欲废绝,呼吸困难,心跳急速,可视黏膜发绀,皮肤出现紫红斑。咽喉部和颈部发热、红肿、坚硬,严重者延至耳根、胸前。急性病例表现高热,急性咽喉炎,颈部高度红肿,呼吸困难,常作犬坐姿势,伸长头颈呼吸,口鼻流出泡沫,病程1~2天,病死率高达100%。慢性病例主要表现为慢性肺炎和胃炎症状,如不及时治疗,多经过2周死亡。

剖检可见咽喉部肿胀出血，肺水肿，有肝变区，肺小叶出血，有时发生肺粘连，脾不肿大。

4. 诊断

本病的最急性型病例常突然死亡，而慢性病例的症状、病变都不典型，并常与其它疾病混合感染，单靠流行病学、临床症状、病理变化难以确诊。

（1）类症鉴别　临床检查应注意与急性猪瘟、咽型猪炭疽、猪气喘病、传染性胸膜肺炎、猪丹毒、猪弓形虫病等进行鉴别诊断。

（2）实验室检查　取静脉血（生前）、心血各种渗出液和各实质脏器涂片染色镜检。猪肺疫可以单独发生，也可以与猪瘟或其它传染病混合感染，采取病料做动物试验，培养分离病原进行确诊。

5. 防制措施

最急性病例由于发病急，常来不及治疗病猪即已死亡。青霉素、链霉素和四环素族等对猪肺疫都有一定疗效。抗生素与磺胺药合用，如四环素＋磺胺二甲嘧啶、泰乐菌素＋磺胺二甲嘧啶则疗效更佳。

根据本病传播特点，防治首先应增强机体的抗病力。加强饲养管理，消除可能降低抗病能力的因素和致病诱因（如圈舍拥挤、通风采光差、潮湿、受寒等）。圈舍、环境定期消毒。

发生本病时，应将病猪隔离、封锁、严密消毒。

四、猪传染性胸膜肺炎

猪传染性胸膜肺炎病由胸膜肺炎放线杆菌感染所引起，可发生于所有品种和日龄的猪，临床以保育猪和育肥前期猪感染率最高，具有传播快、致死率高和治疗难度大的特点，对生产危害较大。

1. 病原

病原体为胸膜肺炎放线菌（原名胸膜肺炎嗜血杆菌，亦称副溶血嗜血杆菌），为革兰染色阴性的小球杆状菌或纤细的小杆菌，有的呈丝状，并可表现为多形态性和两极着色性。有荚膜，无芽孢，无运动性，有的菌株电镜观察到纤细的菌毛。菌体有荚膜，不运动，革兰染色阴性。根据细菌荚膜多糖及细菌脂多糖（LPS）进行血清定型，本菌已发现 12 个血清型，其中 5 型又分为 2 个亚型，不同的血清型对猪的毒力不同。

本菌对外界抵抗力不强，对常用消毒剂和温度敏感，一般消毒药即可杀灭，在 60℃ 下 5～20 分钟内可被杀死，4℃ 下通常存活 7～10 天。不耐干燥，排出到环境中的病原菌生存能力非常弱，而在黏液和有机物中的病原菌可存活数天。对结晶紫、杆菌肽、林可霉素、大观霉素有一定抵抗力。对土霉素等四环素族抗生素、青霉素、泰乐菌素、磺胺嘧啶、头孢类等药物较敏感。

2. 流行特点

各种年龄的猪对本病均易感，但由于初乳中母源抗体的存在，本病最常发生于育成猪和成年猪（出栏猪）。急性期死亡率很高，与毒力及环境因素有关，其发病率和死亡率还与其它疾病的存在有关，如伪狂犬病及蓝耳病。病原主要存在于病猪和带菌猪的扁桃体、鼻腔、气管、肺部组织及分泌物中。健康猪通过直接接触病原经呼吸道传播，多在 4～5 月和 9～10 月发生，具有明显的季节性。猪舍潮湿、气温急剧变化、通风透气不良、饲养密集、管理不善等条件下多发，因此又称"运输病"。本病的危害程度随饲养条件的改善而降低。

3. 临床表现与特征

病程可分为最急性型、急性型、亚急性型和慢性型。

（1）最急性型　突然发病，病猪体温升高至 41～42℃，心率增加，精神沉郁，废食，早期病猪无明显的呼吸道症状。后期心衰，鼻、耳、眼及后躯皮肤发绀，晚期呼吸极度困难，常呆立或呈犬坐式，张口伸舌，咳喘，并有腹式呼吸。临死前体温下降，严重者从口鼻流出泡沫血性分泌物。病猪于出现临诊症状后 24～36 小时内死亡。有的病例见不到任何临诊症状而突然死亡。此型的病死率高达 80%～100%。

(2) 急性型 病猪体温升高达 40.5～41℃，严重的呼吸困难，咳嗽，心衰。皮肤发红，精神沉郁。由于饲养管理及其它应激条件的差异，病程长短不定，所以在同一猪群中可能会出现病程不同的病猪，如亚急性型或慢性型。

(3) 亚急性型和慢性型 多于急性期后期出现。病猪轻度发热或不发热，体温在 39.5～40℃之间，精神不振，食欲减退。不同程度的自发性或间歇性咳嗽，呼吸异常，生长迟缓。病程几天至 1 周不等，或治愈或当有应激条件出现时，症状加重，猪全身肌肉苍白，心跳加快而突然死亡。

主要病变存在于肺和呼吸道内，肺呈紫红色，肺炎多是双侧性的，并多在肺的心叶、尖叶和膈叶出现病灶，其与正常组织界线分明。最急性型病死猪剖检可见气管和支气管内充满泡沫状带血的分泌物。急性期死亡的猪可见到明显的剖检病变。喉头充满血样液体，双侧性肺炎，常在心叶、尖叶和膈叶出现病灶，病灶区呈紫红色，坚实，轮廓清晰，肺间质积留血色胶样液体。随着病程的发展，纤维素性胸膜肺炎蔓延至整个肺脏。肺脏大面积水肿并有纤维素性渗出物。急性期后则主要以巨噬细胞浸润、坏死灶周围有大量纤维素性渗出物及纤维素性胸膜炎为特征。

4. 诊断

根据病猪的临床表现可进行初步诊断，确诊需借助实验室进行病原学检查。将病猪的肺坏死组织、胸腔积液、鼻腔或气管中的分泌物等进行无菌涂片，革兰染色后镜检，能见到两极着色的阴性球杆菌。除了镜检、分离培养和生化鉴定外，也可将病料通过 PCR 法进行分子生物学鉴定。血清学方法也是检测本病的常用方法，改良补体结合试验、荧光抗体试验、酶联免疫吸附试验等临床使用较多，利用抗体和抗原特异性结合原理进行检测，检出率较高，多用于群体的筛查。

5. 防制措施

虽然报道许多抗生素有效，但由于细菌的耐药性，本病临床治疗效果不明显。实践中选用氟甲砜霉素肌内注射或胸腔注射，连用3天以上；饲料中拌支原净、强力霉素、氟甲砜霉素或北里霉素，连续用药5～7天，有较好的疗效。有条件的最好做药敏试验，选择敏感药物进行治疗。抗生素的治疗尽管在临床上取得一定成功，但并不能在猪群中消灭感染。

应加强猪场的生物安全措施。从无病猪场引进公猪或后备母猪，防止引进带菌猪；采用"全进全出"饲养方式，出栏后栏舍彻底清洁消毒，空栏1周才重新使用。新引进猪或公猪混入一群副猪嗜血杆菌感染的猪群时，应该进行疫苗免疫接种并口服抗菌药物，到达目的地后隔离一段时间再逐渐混入较好。加强饲养管理，保持猪群的健康，提高猪群抵抗力。

对本病治疗有效的抗生素有青霉素、复方新诺明、长效土霉素等。病情严重的猪可联合应用硫酸链霉素和卡那霉素或盐酸环丙沙星注射液。为防耐药菌株出现，应及时更换药物或联合用药；首次治疗要及时且须采用注射结合口服给药的方法。

中药处方推荐：麻黄30克、生石膏90克、杏仁30克、葶苈子30克、黄芩30克、桔梗20克、全瓜蒌30克、枇杷叶20克、知母30克、干草30克。水煎两次，每次加水1000毫升，煎沸20分钟；两次煎汁混合后加纯蜂蜜150克作为20～40公斤体重的4头猪1次饮用或拌料服用。每天1次，连续3～5天。

五、猪附红细胞体病

附红细胞体病又称附红体病、血虫病，是由附红细胞体寄生于猪、羊等家畜红细胞表面、血浆、骨髓中引起的一种以黄疸、贫血、高热为主要特征的人畜共患传染病。

1. 病原

附红细胞体是一种寄生在红细胞上的立克次体，属于支原体属。猪附红细胞体直径为0.3～2.5微米，在血液中呈圆形、逗点状、哑铃状等形态，呈单个生长或成团寄生，也可游离于血浆中快速游动、伸展、扭转等运动。增殖方式有二分裂法、出芽和裂殖法。一般认为增殖发生在骨髓部位，但尚存在争议。常单独或呈链状附着于红细胞表面，也可游离于血浆中。附红细胞体发育过程中，形状和大小常发生变化，可能也与动物种类、动物抵抗力等因素有关。对干燥和化学药品的抵抗力很低，但耐低温，在 5℃ 时可保存 15 天，在冰冻凝固的血液中可存活 31 天，在加 15% 甘油的血液中于 −79℃ 条件下可保存 80 天，冻干保存可活 765 天。一般常用消毒剂均能杀死病原，如 0.5% 的石炭酸于 37℃ 3 小时就可将其杀死。

2. 流行特点

该病以接触性、垂直性、血源性及媒介昆虫四种方式传播，其中吸血昆虫蚊、蝇、虱、蠓为主要的传播媒介，多发于高热、多雨且吸血昆虫繁殖滋生的季节。猪的感染主要集中在 6~9 月份，在北方 7 月中旬到 9 月中旬为发病最高峰。不同年龄和品种的猪都易感，仔猪的发病率和死亡率较高。母猪的感染也比较严重。患病猪与隐性感染猪是最重要的传染源，患病羊与猪有交叉感染性，老鼠可携带附红细胞体，并将其传染给猪群。猪只通过舔食断尾、伤口、相互斗殴可直接传播该病。多头猪共用同一个注射针头，断尾、打耳号、阉割、外科手术等是人为传播该病的主要因素。应激是本病暴发的主要原因，抵抗力下降的猪，如分娩、过度拥挤、长途运输、恶劣的天气、饲养管理不良、更换圈舍及其它疾病感染时，猪群就可能暴发此病。

3. 临床表现与特征

急性型多见于仔猪，哺乳仔猪以贫血为主，一般 7~10 日龄多发。病猪精神沉郁，食欲废绝，体温升高，眼结膜、皮肤苍白或变黄（贫血或黄疸具有诊断意义），四肢抽搐，发抖，腹泻，粪便深黄色或黄色黏稠、腥臭。死亡率在 10%~90%。大部分仔猪临死前四肢抽搐或划地，有的角弓反张。断奶仔猪以黄疸、贫血、高热为主，40~60 日龄为主要发病期。病猪精神沉郁、嗜睡、扎堆，体温升高至40.5~42.5℃,部分猪全身皮肤呈浅紫红色,又称"红皮病"。慢性型多见于成年猪,生长猪发病后身体消瘦,皮肤苍白,食欲减退或废绝,体温升高,粪便干硬,皮肤有时出现荨麻疹或皮肤变态反应,多见于肥壮猪。皮肤出现豆大红色丘疹,消退后变成紫色瘀血斑。母猪多出现一系列繁殖障碍综合征,喜卧、厌食、高热达42℃,大部分发病猪全身皮肤发红,个别猪中、后期皮肤黄染或苍白,怀孕母猪出现流产、早产,尤其是临产母猪的流产率、早产率高,不流产的产出死胎,有的即使产活仔,仔猪弱小,发病率、死亡率较高。血液稀薄如水,长时间不凝固,皮下水肿,黏膜、浆膜、腹腔内的脂肪、肝脏等呈不同程度的黄染。全身淋巴结肿大,肺脏水肿,肺间质有大量液体、水肿,有的肺有大面积瘀血肝变、大理石样变或散在瘀血斑。心包积液,心肌松软,颜色变淡,肝脾肿大、发黑、质软,胆囊肿大,含浓稠的胶冻样胆汁。肾皮质有针尖大散在出血点,髓质严重出血,腹水增多。

4. 诊断

根据临床症状和病理变化,结合血液涂片染色镜检可见附着于红细胞表面的附红细胞体,有的红细胞变形,即可确诊。

5. 防制措施

(1) 减少各种可能带来应激反应的原因,注意猪舍及周围环境的清洁卫生。

(2) 夏秋季节经常喷洒杀虫药物,防止蚊虫叮咬传播疫病。本病的流行季节可进行预防用药,在饲料中添加土霉素或金霉素添加剂。

(3) 及时治疗　可采用附红优8~10毫克/公斤体重,深部肌内注射,每天1次,连用3天;或血虫净(贝尼尔)5~10毫克/公斤体重,肌内注射,每天1次,连用3天;或四环素、土霉素10毫克/公斤体重,口服或肌内注射,每天1次,连用7~14天。

六、猪副伤寒病

猪副伤寒,又称猪沙门菌病,是由沙门菌属细菌引起的仔猪的一种传染病。急性者以败血症,慢性者以坏死性肠炎,有时以卡他性或干酪性肺炎为特征。据相关统计数据显示,我国仔猪养殖阶段副伤寒发病率超过 40%,其病死率超过 20%,已成为影响我国生猪养殖业效益发展的主要因素之一。

1. 病原

病原主要是猪霍乱沙门菌和猪伤寒沙门菌。鼠伤寒沙门菌、德尔俾沙门菌和肠炎沙门菌等也常引起本病。沙门菌为革兰染色阴性、两端钝圆、卵圆形小杆菌,不形成芽孢,有鞭毛,能运动。本菌对干燥、腐败、日光等环境因素有较强的抵抗力,在水中能存活 2~3 周,在粪便中能存活 1~2 个月,在冰冻的土壤中可存活过冬,在潮湿温暖处虽只能存活 4~6 周,但在干燥处则可保持 8~20 周的活力。该菌对热的抵抗力不强,60℃ 15 分钟即可被杀灭。对各种化学消毒剂的抵抗力也不强,常规消毒药及其常用浓度均能达到消毒的目的。

2. 流行特点

传染源及传播途径:病猪和健康带菌猪是主要的传染源。健康猪经消化道感染发病,带菌猪饲养管理不当及环境因素刺激等,并有其它传染病或寄生虫侵袭时发病。本病多发生在 2~4 月龄的仔猪,其它日龄猪很少发病,以气候寒冷阴雨连绵的天气多发。

3. 临床表现与特征

本病潜伏期为数天,或长达数月,与猪体抵抗力及细菌的数量、毒力有关。临床上分急性、亚急性和慢性三型。

(1) 急性型 又称败血型,多发生于断乳前后的仔猪,常突然死亡。病程稍长者,表现体温升高(41~42℃),腹痛,下痢,呼吸困难,耳根、胸前和腹下皮肤有紫斑,多以死亡告终。病程 1~4 天。

(2) 亚急性和慢性型 为常见病型。表现体温升高,眼结膜发炎,有脓性分泌物。初便秘后腹泻,排灰白色或黄绿色恶臭粪便。病猪消瘦,皮肤有痂状湿疹。病程持续可达数周,终至死亡或成为僵猪。

本病病理变化表现为：

(1) 急性型　急性型以败血症变化为特征。尸体膘度正常，耳、腹、肋等部皮肤有时可见瘀血或出血，并有黄疸。全身浆膜、(喉头、膀胱等) 黏膜有出血斑。脾肿大，坚硬似橡皮，切面呈蓝紫色。肠系膜淋巴结索状肿大，全身其它淋巴结也不同程度肿大，切面呈大理石样。肝、肾肿大、充血和出血，胃肠黏膜卡他性炎症。

(2) 亚急性型和慢性型　以坏死性肠炎为特征，多见盲肠、结肠，有时波及回肠后段。肠黏膜上覆有一层灰黄色腐乳状物，强行剥离则露出红色、边缘不整齐的溃疡面。如滤泡周围黏膜坏死，常形成同心轮状溃疡面。肠系膜淋巴索状肿，有的干酪样坏死。脾稍肿大，肝有可见灰黄色坏死灶。有时肺发生慢性卡他性炎症，并有黄色干酪样结节。

4. 诊断

根据临床症状和病理变化可做出初步诊断，确诊需进一步做实验室诊断。

5. 防制措施

本病是由于仔猪的饲养管理及卫生条件不良促进发生和传播的。因此，预防本病的根本措施是必须认真贯彻"预防为主"的方针。首先应该改善饲养管理和卫生条件，消除发病诱因，增强仔猪的抵抗力。饲养管理用具和食槽经常洗刷，圈舍要清洁，经常保持干燥，及时清除粪便，以减少感染机会。哺乳及培育仔猪防止乱吃脏物，给以优质而易消化的饲料，防止突然更换饲料。

对全群仔猪进行观察，发现病猪后立即隔离，及时治疗。需要指出，治疗方法甚多，疗效也有差异，在治疗过程中，要结合发病当时的具体情况进行。无论采用何种方法治疗，都必须坚持改善饲养管理与卫生条件相结合，才能收到满意效果。

对病猪应及时隔离，并对猪舍内外进行彻底的消毒。病猪用氟苯尼考针剂进行治疗。对腹泻严重的，在用抗生素的同时，应用口服补液盐饮水，以免病猪脱水死亡。预防本病关键是接种疫苗。对1月龄以上哺乳或断奶仔猪应用仔猪副伤寒冻干弱毒苗预防。治疗验方一：黄连10克，黄柏、槟榔各15克，白头翁25克，金银花、茯苓各20克，煨葛根30克。煎水去渣，每日分2次灌服。此验方适用于15～25公斤的猪。验方二：黄芩、荆芥、桂枝各30克，杏仁、粉草各5克，桔梗、防风各40克，川芎、大枣各20克，麻黄25克，生姜15克。煎水内服，每日2次。此验方适用于中猪，大小猪酌情增减剂量。如能吃饲料，可混在饲料中喂下，疗效可达95％以上。

七、猪气喘病

猪气喘病俗称猪喘气病、又称支原体肺炎、地方流行性肺炎，是由猪肺支原体或称霉形体引起的一种慢性高度接触性呼吸道传染病，广泛存在于世界各地。临诊症状为咳嗽、气喘，本病能降低生产效率、增加饲料消耗，并导致其它疾病的发生。本病一直被认为是对养猪业造成重大经济损失最常发生、流行最广、最难净化的疫病之一。

1. 病原

病原体为猪肺炎支原体，是支原体科支原体属成员。因无细胞壁，故呈多形态，有环状、球状、点状、杆状和两极状。革兰染色阴性，但着色不佳，姬姆萨或瑞氏染色良好。猪肺炎支原体对自然环境抵抗力不强，环境中病原体2～3天失活。对青霉素、链霉素、红霉素和磺胺类药物不敏感，但对大观霉素、土霉素、卡那霉素、泰乐菌素、林可霉素、螺旋霉素敏感。

2. 流行特点

不同品种、年龄、性别的猪对本病都有易感性，其它家畜一般不感染。但乳猪和断乳仔猪易感性最高，发病率和死亡率较高，其次是怀孕后期和哺乳期的母猪，育肥猪发病较少，病情也轻。病猪和带病猪是本病的传染源。病原体通过病猪咳嗽、气喘和打喷嚏的分泌物排出体外,形成飞沫,经呼吸道传染健康猪。本病一年四季均可发生,常见的继发性病原体有巴氏杆菌、肺炎球菌等。猪场首次发生本病常呈暴发性流行,多取急性经过,症状重,病死率高。

3. 临床表现与特征

急性型常见新发病猪群,以仔猪、妊娠母猪和哺乳仔猪多发。病猪常呈腹式呼吸,或呈犬坐姿势,呼吸次数增加,严重的出现喘鸣声。当继发感染时,则体温升高,呼吸困难,食欲减退或不食,常因窒息而死亡。两肺的心叶、尖叶和膈叶呈对称性实变,与正常组织界限明显,初期呈肝变,后期呈肉样变或胰样变。急性病例有明显的肺气肿病变。慢性型多见老疫区的架子猪、肥育猪和后备母猪,长期咳嗽,特别是在进食前后或运动时,病猪消瘦,生长缓慢。肺门和纵膈淋巴结显著肿大,呈灰白色,切面湿润。隐性型一般情况下发育良好,不表现临床症状,或偶见个别猪咳嗽。在继发感染时,常出现纤维素性胸膜炎、化脓性肺炎和坏死性肺炎。

4. 防制措施

(1) 本病的发生常与舍内环境有关,应定期消毒,保持舍内干燥、空气清新流通,做到冬暖夏凉。对病猪应及时隔离,同时用抗生素进行治疗,一般选用恩诺沙星、大观霉素、林可霉素、盐酸土霉素、卡那霉素、泰妙菌素等。

(2) 用花生油或茶油 100 毫升(灭菌处理)加入土霉素碱 25 克,均匀混合,在颈、背两侧行深部肌肉分点轮流注射,小猪 1~2 毫升,中猪 3~5 毫升,大猪 5~8 毫升,隔 3 天一次,5 次为一疗程。重病猪 2~3 个疗程,可获得良好效果。

(3) 验方一:苏子、荆芥、陈皮、白前、杏仁各 15 克,紫菀、百部各 10 克,生姜 3 片。研为细末掺入饲料或稀饭内喂服,10 公斤重的小猪每天喂 2 次,每次喂 15~25 克。此方主要用于实喘症者。验方二:党参、白术、茯苓、款冬花各 15 克,五味子、麻黄、半夏、甘草各 10 克,麦冬、白果各 20 克。共研末掺入饲料中喂服，10公斤重小猪每次喂15克，每天喂两次。此方主要用于虚喘症者。验方三：桔梗、陈皮、连翘、苏子、银花、黄芩各150克，百部100克。共研细末，大猪每次喂30克，中猪20克，小猪15克，每日服一次。

八、猪痢疾

猪痢疾又叫猪血痢，是由猪痢疾密螺旋体引起的一种严重的肠道传染病，主要症状为严重的黏液性出血性下痢，急性型以出血性下痢为主，亚急性和慢性以黏液性腹泻为主。剖检病理特征为大肠黏膜发生卡他性、出血性及坏死性炎症。

1. 病原

猪痢疾密螺旋体，又称为猪痢疾短螺旋体，属于蛇形螺旋体属成员，存在于病猪的病变肠段黏膜、肠内容物及排出的粪便中。革兰染色阴性，苯胺染料或姬姆萨染色液着色良好，组织切片以镀银染色为好，可见两端尖锐、形如双雁翼状，菌体长6~8微米、宽0.32~0.38微米，有4~6个弯曲。猪痢疾螺形螺旋体对外界环境抵抗力较强，在密闭猪舍粪尿沟中可存活30天，土壤中4℃时能存活102天，粪便中5℃时存活61天，25℃时存活7天，37℃时很快死亡。对阳光照射、加热和干燥敏感。兽医实践中常用的消毒药和常用浓度，如过氧乙酸、氢氧化钠、煤酚皂等可迅速将其杀死。

2. 流行特点

病猪或无症状的带菌猪是主要传染源，病菌通过粪便排出体外，污染周围环境、饲料及饮水后，健康猪经消化道感染。本病发生无季节性，各种日龄的猪都可感染，但以断乳后2~3月龄的仔猪发生较多。小猪的发病率和病死率比大猪高。一般发病率70%~80%、病死率30%~60%。哺乳猪和成年猪很少发病。本病经过比较缓慢，且可反复发病。当饲养管理不当，缺乏维生素、矿物质和存在各种应激因素时，可促进本病的发生。

本病多因引进带菌的种猪引发，国内已有不少随种猪的流动而散播发病的事例。有的也可通过传播媒介间接引起。据近些年报告,犬、燕八哥经口感染后,犬 13 天、燕八哥 8 天可从粪便中排出菌体。小鼠带菌为 100 天以上,大鼠带菌 2 天,苍蝇至少带菌 8 小时。从猪舍中的老鼠、家犬、蝇分离到蛇形螺旋体,这些动物的媒介传播作用不可忽视。

3. 临床表现与特征

最常见的症状是出现程度不同的腹泻。一般是先排软粪,渐变为黄色稀粪,内混黏液或带血。病情严重时所排粪呈红色糊状,内有大量黏液、出血块、脓性分泌物及纤维伪膜。病猪精神不振、厌食及喜饮水、拱背、脱水、用后肢踢腹,被毛粗乱无光,迅速消瘦,后期排粪失禁。肛门周围及尾根被粪便沾污,呈深棕色,起立无力,极度衰弱死亡。病期较长,进行性消瘦,生长停滞。

主要病变局限于大肠(结肠、盲肠)。急性病猪为大肠黏液性和出血性炎症,黏膜肿胀、充血和出血,肠腔充满黏液和血液;病例稍长的病例,主要为坏死性大肠炎,黏膜上有点状、片状或弥漫性坏死,坏死常限于黏膜表面,肠内混有多量黏液和坏死组织碎片。其它脏器常无明显变化。

4. 诊断

体温正常,以血性下痢为主要症状。病猪经用药物治疗后,大部分病猪病状减轻或逐渐消失,但停止用药后,隔 3~4 周又可重复出现,在一栋猪舍中连绵不断发生。急性病例为大肠黏液性和出血性炎症;慢性病例为坏死性大肠炎。其它脏器常无明显变化。本病虽然与许多猪的腹泻性疾病易混淆,如猪传染性胃肠炎、猪流行性腹泻、仔猪红痢、仔猪白痢和仔猪黄痢等,在诊断时注意鉴别,但更应与猪副伤寒和猪肠腺瘤病相区别。

5. 防制措施

病猪及时治疗,药物治疗常有一定效果,如痢菌净、硫酸新霉素、痢特灵、林可霉素、四环素族等多种抗菌药物都有一定疗效。需要指出,该病治后易复发,须坚持疗程和改善饲养管理相结合,方能收到好的效果。

做好猪舍、环境的清洁卫生和消毒工作,处理好粪便。

如不是大面积暴发,可考虑将病猪淘汰。

对本病治疗有效的抗生素有痢菌净、二甲硝基咪唑、林可霉素、泰乐菌素等。对腹泻严重的,应及时补充口服补液盐。验方:鲜马齿苋 250 克煎水取汁,加红糖 25 克,灌服。或鲜侧柏叶 120 克,鲜马齿苋、鲜韭菜各 150 克,捣烂取汁灌服。或百草霜 1 把,米醋 120 毫升,混合灌服。

九、猪布氏杆菌病

猪布氏杆菌病又称猪布病,是布鲁杆菌感染引起的一种传染性疾病,除威胁猪外,还可威胁牛、羊等多种牲畜。从近年的生猪养殖产业发生流行现状来看,随着集约化、规模化养殖产业的不断发展,疫病的发生源头日益复杂化,种类逐渐增多,新型传染性疾病的引入风险大大增强。很多养殖场在规划建造过程中靠近牛养殖场和羊养殖场,一旦这类养殖场出现布鲁杆菌感染,迅速向猪养殖领域传播蔓延。本病已广泛分布于世界各地,中国某些地方有牛、羊、猪、犬种布鲁菌病发生,给畜牧业和人的健康带来较大的危害。布鲁菌病猪是人感染该病的重要传染源之一,猪种布鲁菌对人类具有很强的致病性,因此,防制猪布氏杆菌病具有重要的公共卫生意义。

1. 病原

布鲁菌属有 6 个种,其中猪布鲁菌的主要宿主是猪,而对其它动物也易感,引起动物流产或睾丸炎。1% 来苏尔或 2% 福尔马林或 5% 生石灰乳 15 分钟、直射阳光 0.5~4 小时、在干燥土壤内 37 天可杀死病原;在冷暗处或胎儿体内可活 6 个月。

2. 流行特点

猪布鲁杆菌病是一种繁殖障碍性疾病和慢性传染性疾病,从易感群体来讲,母猪的易感性更强,幼龄猪对该种疾病的易感性相对降低，即便是受到病原的入侵，也不会表现出明显的临床症状，随着猪年龄的增加，对布鲁杆菌的易感性逐渐增强，性成熟后变得极其容易感染病原。养殖场的患病猪和带菌猪，包括各种野猪都是重要的传染源，其中最危险的传染源是养殖场的妊娠母猪，尤其是在流产过程中会产生大量的流产分泌物和胎衣，这些分泌物和胎衣中会夹杂有大量的布鲁杆菌，污染周边的环境、水源、饲养管理用具后会造成布鲁杆菌的快速扩展蔓延。

布鲁杆菌主要寄生在动物的细胞中，能在宿主的巨噬细胞和上皮细胞中大量繁殖生长，这就造成了药物的作用效果逐渐变差，不能达到很好的防控效果。有毒的菌株外部会存在蛋白外衣的保护，确保其在细胞中能持续产生感染和繁殖，这种能力能使细菌很好地逃避宿主免疫系统的杀伤而长期在细胞中存在。消化道感染是布鲁杆菌的主要侵染渠道，其次是生殖系统及损伤的皮肤黏膜。生猪感染布鲁杆菌病后有一个菌血症的阶段，该阶段的猪外在症状不是很明显，决定布鲁杆菌所存在的脏器组织和驻留组织，并且能通过乳汁、精液分泌物向外排出。妊娠阶段的母猪感染布鲁杆菌之后，首先表现为突然流产，开始阶段仅有少数猪出现流产现象，随后流产猪的数量逐渐增多，有时能达到一半以上。养殖场的母猪大多数流产1~2次。当养殖场猪进入流产高峰期后，流产率会呈现逐渐下降的态势，如果不及时采取措施进行有效的处理，养殖场会持续存在布鲁杆菌的感染源，当牲畜更新或者患病动物与健康动物混合养殖的情况下，会再度暴发流行该种疾病。从布鲁杆菌病的发生流行情况来看，该种疾病不存在典型的季节性，一年四季均可发生流行，除引发母猪出现严重的流产、公猪出现睾丸炎外，很少造成死亡。

3. 临床表现与特征

感染猪大部分呈隐性经过，少数猪呈现典型症状，表现为流产、不孕、睾丸炎、后肢麻痹及跛行、短暂发热或无热，很少发生死亡。流产可发生于任何孕期。在怀孕后期（接近预产期）流产时，所产的仔猪可能有完全健康者，也有虚弱者和不同时期死亡者，而且阴道常流出黏性红色分泌物，经 8～10 天虽可自愈，但排菌时间较长，需经 30 天以上才能停止。公猪发生睾丸炎时，呈一侧或两侧性睾丸肿胀、硬固，有热痛，病程长，后期睾丸萎缩，失去配种能力。

常见的病变是睾丸、附睾、前列腺和子宫等处有脓肿。子宫黏膜的脓肿呈粟粒状、针头大，呈灰黄色。淋巴结呈弥漫性、颗粒性淋巴结炎。淋巴结肿大，变黄而硬。流产胎儿和胎衣的病变不明显，偶见胎衣充血、水肿及斑状出血，少数胎儿的皮下有出血性液体，腹腔液增多，有自溶性变化。

4. 诊断

本病的流行情况、临床症状和病理变化均无明显特征，同时隐性感染动物较多。因此，应以实验室检查为依据，结合流行情况和症状进行综合诊断。实验室检查布鲁杆菌病的方法很多，最简单实用的是布鲁杆菌病虎红平板凝集试验。

5. 防制措施

本病无治疗价值，一般不治疗。一旦确定，必须淘汰并进行无害化处理。

第二章 猪的寄生虫病防治技术

第一节 原虫病

一、猪球虫病

猪球虫病是引起哺乳仔猪和断奶仔猪腹泻的重要原因之一。该病主要由艾美尔属球虫和等孢子球虫引起，其中，等孢子球虫是主要的致病原。球虫寄生于空肠或回肠上皮细胞，导致细胞萎缩、融合和坏死，并引发腹泻等症状。该病在我国的养猪场内普遍存在。随着国内规模化猪场的普及，球虫病的发病率呈上升趋势。由于该病主要损伤肠道，很容易引起继发感染导致病猪死亡或者降低猪只饲料利用率，给养猪场造成巨大经济损失。

1. 病原

猪球虫属于孢子虫纲、真球虫目、艾美尔科。猪球虫有13个种，我国有两属8种，即粗糙艾美尔球虫、蠕孢艾美尔球虫、蒂氏艾美尔球虫、猪艾美尔球虫、有刺艾美尔球虫、极细艾美尔球虫、豚艾美尔球虫和猪等孢球虫。其中以猪等孢球虫的致病力最强。

猪等孢球虫卵囊呈球形或亚球形，囊壁光滑，无色，卵囊大小为（18.7～23.9）毫米×（16.9～20.1）毫米，囊内有2个孢子囊，每个孢子囊内有4个子孢子，子孢子呈腊肠状。

2. 流行特点

球虫的发育经体内和体外两个阶段。体内是裂殖体增殖和配子生殖,体外是孢子生殖。猪是随饲料和饮水食入孢子化卵囊而感染。猪球虫病暴发的因素,是猪在易感性较强的日龄,在缺乏对球虫免疫的情况下,短期内有大量球虫卵囊的感染。因此外界环境中大量孢子化卵囊的积累是球虫病发生的重要条件。卵囊在外界环境中积累的速度,称为该球虫的"生物势能",球虫的生物势能受排出卵囊的总量、潜伏期的长短、排卵囊持续的时间、孢子化时间、卵囊在外界环境中的抵抗力等因素的影响。当生物势能达到一定积累量时,就可暴发球虫病。该病呈世界性分布,所有日龄和品种的猪对球虫都有易感性,但是其免疫力发展很快,并能限制再感染。仔猪生下后即可感染,以夏秋两季发病率最高。5～10日龄的仔猪最为易感,并可伴有传染性胃肠炎、大肠杆菌和轮状病毒的感染。

猪球虫病主要是由于裂殖体在肠上皮细胞内大量增裂时,破坏肠黏膜,引起肠壁炎症和上皮细胞崩解,使消化机能发生障碍,营养物质不能吸收。由于肠壁的炎性变化和血管的破裂,大量体液和血液流入肠管,导致病猪消瘦、贫血和下痢。崩解的上皮细胞变为有毒物质,蓄积在肠管不能迅速排出,使机体发生自体中毒。球虫病是一种全身中毒过程,受损伤的肠黏膜是病菌和肠内有毒物质侵入机体的门户。

3. 临床表现与特征

病猪起初表现为腹泻、下痢,粪便初为黏性糊状、棕黄色或棕褐色,可持续4～8天,体温、呼吸正常。约1周后,病猪剧烈下痢,呈现水泻状,粪便中带有血液、黏液和黏膜碎片,恶臭,体温升高至40.2～40.6℃,呼吸稍加快,病猪消瘦、贫血、脱水、食欲大减,饮水增加。随着病程的发展,粪便中血液、黏液、黏膜碎片增多,粪便呈暗褐色,有的大便失禁,并有努责现象,严重者由于脱水、失重,在其它病原体的协同作用下往往造成死亡。死亡率可达10%～50%。

剖检见尸体消瘦，回肠和空肠黏膜充血、出血，肠黏膜上常有异物覆盖，肠上皮细胞坏死脱落。在组织切片上可见肠绒毛萎缩和脱落，并可见到不同内生发育阶段的虫体（裂殖体和配子体）。

4. 临床诊断

根据临床症状、流行病学资料和病理剖检结果进行综合判断。对于15日龄以内的仔猪腹泻，即应考虑到仔猪球虫病的可能性。最后确诊需作粪便检查，即将病猪的粪便或病变部的刮取物少许，放载玻片上，与甘油饱和盐水（等量混合液）1～2滴调和均匀，加盖玻片，置显微镜下观察，发现裂殖体、配子体、卵囊即可确诊。

5. 防制措施

本病主要以预防为主。在有本病流行的猪场，可用磺胺药或氨丙啉试治，并在产前和产后15天内的母猪饲料中加入抗球虫药，如克球灵或氨丙啉以预防仔猪感染。对猪舍应经常打扫，将猪粪和垫草运往贮粪地点进行消毒处理；地面可用热水冲洗，可用含氨和酚的消毒液喷洒，并保留数小时或过夜，然后用清水冲去消毒液，可以明显降低仔猪的球虫感染率。

二、猪弓形虫病

猪弓形虫病是一种由弓形虫寄生于猪体内引起的疾病。该疾病在规模化生猪养殖中比较常见，因为猪容易通过食用感染了弓形虫的饲料或接触污染物而感染该病。此外，猪弓形虫病还对人类健康产生威胁。猪弓形虫病在世界各地已成为重要的猪病之一而受到重视。本病多发生于夏秋季节（5～10月），特别是在雨后较为多发，可呈暴发性和散发性急性感染，但多为隐性感染。

1. 病原

弓形虫属于孢子虫纲、真球虫目、肉孢子科、弓形虫亚科、弓形虫属。目前，大多数学者认为发现于世界各地的人和动物的弓形虫只有一个种，但有不同的虫株。弓形虫根据其不同发育阶段，可分为五种形态：速殖子和包囊存在于中间宿主体内，进行无性繁殖；裂殖体、配子体和卵囊存在于猫体内，进行有性繁殖。

其中速殖子、包囊、感染性卵囊这三种类型都具有感染性，当其被猫食入后，经胃到下消化道，在胃液和胆汁的作用下，包囊和卵囊壁溶解后，放出速殖子和子孢子，侵入肠上皮细胞，首先形成裂殖体，经过裂殖生殖产生大量裂殖子。如此反复若干次，裂殖子转化为大小配子体，进行配子生殖，大小配子结合后产生合子，外被囊膜，形成卵囊，随猫的粪便排到外界，在适宜的环境中，经2～4天发育为感染性卵囊。被猫食入的速殖子，也有一部分进入淋巴、血液循环，随之被带到全身各脏器和组织，侵入有核细胞，以内出芽或二分法进行繁殖。经过一定时间的繁殖后，由于宿主产生免疫力，或者其它因素，使其繁殖变慢，一部分速殖子被消灭，一部分在宿主的脑和骨骼肌中形成包囊。包囊有较强的抵抗力，在宿主体内可存活数年之久。

在外界成熟的孢子化卵囊污染食物和水源而被中间宿主（包括人和多种动物）食入或饮入后释出的子孢子，和通过口、鼻、咽、呼吸道黏膜、眼结膜和皮肤侵入中间宿主体内的速殖子，均将通过淋巴血循环侵入有核细胞，在胞浆中以内出芽的方式进行繁殖。如果感染的虫株毒力很强，而且宿主又未能产生足够的免疫力，或者还由于其它因素的作用，即可引起弓形虫病的急性发作；反之，如果虫株的毒力弱，宿主又能很快产生免疫力，则弓形虫的繁殖受阻，疾病发作得较缓慢，或者成为无症状的隐性感染，这样，存留的虫体就会在宿主的一些脏器组织中形成包囊型虫体。

2. 流行特点

弓形虫病在世界各地广泛流行取决于以下因素：

（1）易感动物多 弓形虫是一种多宿主寄生虫，人、畜、禽及许多野生动物对弓形虫易感。目前已证实，45种哺乳动物、70多种鸟类、5种冷血动物都能感染本病，实验动物中小白鼠、天竺鼠和家兔等也能人工感染。

(2) 感染来源广 弓形虫病的感染来源主要为患病和带虫动物,因为它们体内带有弓形虫的速殖子和包囊,已经证明患病和带虫动物的唾液、痰、粪便、尿、乳汁、蛋、腹腔液、眼分泌物、肉、内脏淋巴结、流产胎儿体内、胎盘和流产物中以及急性病例的血液中都可能含有速殖子。此外还有被病猫和带虫猫排出的卵囊污染的土壤、饲料、饲草、饮水等。据报道6个月的猫排卵量最多,一次持续5~14日,最高峰每日可排10万~100万个卵囊。许多昆虫和蚯蚓可以机械地传播卵囊。吸血昆虫和蜱类通过吸血传播病原,这些都可能成为感染来源。

(3) 卵囊、包囊的速殖子的抵抗力 速殖子的抵抗力弱,生理盐水内几个小时感染力消失,各种消毒药对其均有致死作用,1%来苏儿1分钟就能将其杀死。包囊在冰冻或干燥的条件下不易生存,但在4℃时尚能存活68日。卵囊的抵抗力很强,在常温下可以保持感染力1~1.5年;一般常用消毒药物对卵囊没有影响;混在土壤和尘埃中的卵囊能长期存活。

(4) 感染途径多 除经口吞食含有包囊或速殖子的肉类和被感染性卵囊污染的食物、饲料、饲草、饮水以及吞食携带卵囊的昆虫和蚯蚓感染外,速殖子还可经口腔、鼻腔、呼吸道黏膜、眼结膜和皮肤感染,母体胎儿还可通过胎盘感染。

由于以上因素,加之弓形虫感染初期,机体又缺乏相应的抗体或致敏淋巴细胞,虫体可在体内大量繁殖,进入血液,并扩散到全身,寄生于机体各组织内。虫体的机械性损伤及其毒性产物可使局部组织发生坏死、出血和炎性变化,如虫体大量侵袭,则引起动物死亡。有时随着机体免疫力的产生,血液中的虫体可很快消失,组织中的虫体也大部分被杀死,仅有的部分虫体以包囊的形式潜藏于脑、眼、肌肉,也见于肠壁、肝、肺、脾的病灶内。当包囊内的虫体增殖到一定数量时,可使机体产生强烈的变态反应性炎症,损害血管壁,引起纤维素性渗出、出血、组织坏死,直至机体死亡。如机体能耐过,但因存在非化脓性脑炎和视网膜脉络膜炎,常出现运动障碍、癫痫样痉挛和斜颈等神经症状及视力障碍等后遗症。

3. 临床表现与特征

猪发生弓形虫病时，初期体温升高到 40.5～42℃，呈稽留热。精神委顿，食欲减退，最后废绝。大便多干燥，也有下痢。呼吸困难，常呈腹式呼吸或犬坐式呼吸，每分钟 60～85 次。有的病猪有咳嗽和呕吐症状，流水样或黏液样鼻液。随着病情的发展，在耳翼、鼻端、下肢、股内侧、下腹部出现紫红斑，间或有小点出血。有的病猪耳壳上形成痂皮，甚至耳尖发生干性坏死。体表淋巴结，尤其腹股沟淋巴结明显肿大。病的后期，呼吸极度困难，后躯摇晃或卧地不起，体温急剧下降而死亡。病程 10～15 日。孕猪往往发生流产。有些病猪耐过后，体内产生抗体，症状逐渐减轻，但往往遗留咳嗽、呼吸困难以及后躯麻痹、运动障碍、斜颈、癫痫样痉挛等神经症状。有的病猪呈视网膜炎，甚至失明。

尸体剖检，全身脏器和组织均可见有明显的病理变化。肝脏肿大，硬度增加，有针尖大、粟粒大甚至黄豆大的灰白色或灰黄色坏死灶，并有针尖大出血点。胆囊黏膜表面有轻度出血和小的坏死灶。肺脏肿大呈暗红色带有光泽，间质增宽，肺表面有粟粒大或针尖大的出血点和灰白色病灶，切面流出多量混浊粉色带泡沫的液体。全身淋巴结肿大，尤其是肺门、肝门、颌下、胃等淋巴结肿大达 2～3 倍，切面外翻，多数有粟粒大灰白色和灰黄色坏死灶及大小不等的出血点。心肌肿胀，脂肪变性，有粟粒大灰白色坏死灶。脾脏不肿大或稍肿大，被膜下有丘状出血点及灰白色小坏死灶，切面呈暗红色，白髓不清，小梁较明显，见有粟粒大灰白色坏死灶。肾脏黄褐色，除去被膜后表面有针尖大出血点和粟粒大灰白色坏死灶，切面增厚，皮髓质界限不清，也有灰白色坏死灶。胃黏膜稍肿胀，潮红充血，尤以胃底部较明显，并有针尖大小出血点，胃壁断面呈轻度水肿。肠黏膜充血、潮红、肿胀，并有出血点和出血斑。有的病例在盲肠和结肠有少数散在的黄豆粒大乃至榛实大、中心凹陷的溃疡灶。膀胱黏膜有小出血点。胸腔、腹腔及心包积水。

4. 临床诊断

弓形虫的临床表现、病理变化和流行病学与许多疾病相似，不足以作为确诊的依据，而必须在实验室诊断中查出病原体或特异性抗体，方能确诊。

5. 治疗

弓形虫病的早期诊断、早期治疗均能收到较好的效果，如用药较晚，虽然可使临床症状消失，但不能抑制虫体进入组织形成包囊，从而使病猪成为带虫者。

（1）磺胺嘧啶（SD）　片剂，口服初次量140～200毫克/公斤体重，维持量70～100毫克/公斤体重，每日2次。针剂，静脉或肌内注射70～100毫克/公斤体重，每日2次，连用2～4日。

（2）磺胺嘧啶（SD）+甲氧苄氨嘧啶（TMP）　前者70毫克/公斤体重，后者14毫克/公斤体重，每天2次口服，连用3～4天。

（3）磺胺嘧啶（SD）+二甲氧苄氨嘧啶（DVD）　前者70毫克/公斤体重，后者6毫克/公斤体重，每日2次，连用3～5日。

（4）磺胺-6-甲氧嘧啶（SMM）　以60～100毫克/公斤体重单独口服或配合TMP 14毫克/公斤体重口服，每日1次，连用4天，首次加倍。不仅可以迅速改善临床症状，并可有效地阻抑速殖子在体内形成包囊。

（5）12％复方磺胺甲氧吡嗪（SMPZ）注射液　50～60毫克/公斤体重，加TMP 14毫克/公斤体重，每日肌注1次，连用4天。

6. 预防

对本病的预防应采取多方面严格措施，才能有效预防发生和流行。

禁止猫进入猪圈，防止猫粪便污染猪的饲料和饮水。为消灭土壤和各种物体上的卵囊，可用55℃以上的热水或0.5％氨水冲洗，并在日光下暴晒。由于许多昆虫和蚯蚓能机械传播卵囊，所以尽可能消灭圈舍内的甲虫和蝇，避免猪吃到蚯蚓。

做好猪舍的防鼠灭鼠工作，禁止猪吃鼠及其它动物尸体，禁止用屠宰废物和厨房垃圾、生肉汤水喂猪（必要时可煮熟后喂猪），以防猪吃到患病和带虫动物体内的滋养体和包囊而感染。

第二节　蠕虫病

一、猪蛔虫病

猪蛔虫病是由蛔虫目、蛔科、蛔属的猪蛔虫寄生于猪的小肠引起的一种线虫病。其分布广泛，感染普遍，特别是在卫生、管理不良的猪场感染率很高，一般都在50%以上。感染本病的仔猪生长发育不良，增重往往比健康猪低30%，严重者发育停滞，甚至造成死亡。猪蛔虫病为仔猪常见多发病之一，也是造成养猪业损失最大的寄生虫病之一。

1. 病原

猪蛔虫是一种大型线虫。新鲜虫体为淡红色或淡黄色，死后转为苍白色。虫体呈中间稍粗、两端较细的圆形。头端有3个唇片，一个背唇片较大，两个腹唇片较小，排列成品字形。雄虫体长15～25厘米、宽约0.3厘米。尾端向腹面弯曲，形似鱼钩。泄殖腔开口距尾端较近。有交合刺1对，等长，长约0.2～0.25厘米，无引器。雌虫长20～40厘米、宽约0.5厘米。虫体较直，尾端稍钝。生殖器为双管型，由后向前延伸，两条子宫合为一个短小的阴道。阴门开口于虫体前1/3与中1/3交界处附近的腹面中线上。肛门距虫体末端较近。受精卵和未受精卵的形态有所不同。受精卵为短椭圆形，大小为（50～75）微米×（40～80）微米，黄褐色。卵壳厚，由四层组成，最外层为凹凸不平的蛋白膜，向内依次为卵黄膜、几丁质膜和脂膜。刚随粪便排出的虫卵，内含一个圆形卵细胞，卵细胞与卵壳之间的两端形成新月形空隙。未受精卵较受精卵狭长，平均大小为90微米×40微米，多数没有蛋白质膜，或有而甚薄，且不规则。整个卵壳较薄，内容物为很多油滴状的卵黄颗粒和空泡。

2. 流行特点

成虫寄生于宿主小肠内产卵。卵随宿主粪便排出体外，在适宜的温度（18～38℃）、湿度及有氧的条件下，约经 10 天发育为第 1 期幼虫，蜕皮 1 次后经 2～3 天变为第 2 期幼虫，含有此期幼虫的卵具有感染性。感染性幼虫随饲料、饮水被猪吞食，在小肠内孵化，孵出的幼虫钻入肠壁并进入血管，随血液由门静脉约经 24 小时到达肝脏，少数幼虫可由肠壁穿入腹腔，再进入肝脏。在感染后 4～5 天，幼虫在肝脏进行第 2 次蜕皮，变为第 3 期幼虫。而后幼虫随血液进入肺脏，于感染后 12～14 天进行第 3 次蜕皮，变为第 4 期幼虫。此幼虫离开肺泡，进入细支气管与支气管，上行到气管，随黏液一起到达咽，进入口腔，再次被咽下，经食道、胃返回小肠发育。在感染后 21～29 天再蜕皮 1 次，变为第 5 期幼虫。其后逐渐长大，变为成虫。自感染性虫卵被吞食，到发育为成虫，约需 2～2.5 个月。猪蛔虫在宿主体内的寿命为 7～10 个月。

猪蛔虫由于产卵多，每条雌虫每天平均可产卵 10 万～20 万个，最高每天可达 100 万～200 万个，使猪场散布大量虫卵。虫卵对各种环境因素抵抗力很强，因蛔虫卵有 4 层卵膜，内膜能保护胚胎不受外界各种化学物质的侵蚀；中间两层有隔水作用，能保持内部不受干燥影响；外层可阻止紫外线的透过。虫卵的发育除要求一定的湿度外，以温度影响较大。28～30℃时，只需 10 天左右即可发育成为第 1 期幼虫。高于 40℃ 或低于 -2℃ 时，虫卵停止发育；45～50℃ 虫卵在 30 分钟内死亡；55℃ 时，15 分钟死亡；在低温环境中，如在 -20～-27℃ 时，感染性虫卵须经 3 周才全部死亡。干燥对虫卵影响较大。氧为虫卵发育的必要条件，如在较深的水中（10 厘米以上）经 1 个月以上的培养，仍不能发育。但虫卵在缺氧的环境中可以保持存活，所以，它们能在污水中生存相当长的时间。

猪蛔虫卵在疏松湿润的土中一般可以生存 2～3 年之久；在热带砂土表层 3 厘米范围内，在夏季阳光直射下，一至数日内死亡。

一般只有在粪便表面的虫卵才能发育；粪块深部的虫卵常因缺氧而不能发育，但能长期存活。

猪蛔虫卵对各种化学药物的抵抗力很强，在一般消毒药内能存活5年以上，只有用10%克辽林、5%～10%石炭酸、2%～5%60℃以上的碱水、新鲜石灰乳等才能杀死虫卵。

猪蛔虫病的流行与饲养管理和环境卫生关系密切。在饲养管理不良、卫生条件恶劣和猪只过于拥挤的猪场，在营养缺乏，特别是饲料中缺少维生素和矿物质的情况下，3～5月龄的仔猪最容易大批地感染蛔虫，症状也较严重。且常发生死亡。

猪蛔虫病常发生于3～6个月的仔猪。无论是幼虫还是成虫对宿主的危害都很大。幼虫在宿主体内移行时，能造成各部分器官和组织的损伤，当移行到肝脏时，特别是在叶间静脉周围毛细血管中时，造成肝脏小点出血和肝细胞混浊肿胀、脂肪变性或坏死；移行到肺脏时，使肺脏大量小点出血，严重感染时，引起肺的出血性炎症即蛔虫性肺炎，病猪咳嗽，体温升高，呼吸频数。成虫寄生于小肠，其致病作用显著减弱。但在严重感染时，也可因虫体夺取大量营养，其游走特性所致的机械性刺激和阻塞，以及有毒物质的吸收等而引起严重危害，甚至造成死亡。蛔虫有游走习性，尤其是在猪只发热、妊娠、饥饿或饲料变化时，常使之活动加剧，凡与小肠相通的部位，如胃、胆管、胰管，均可能被蛔虫窜入，引起胆管或胰管阻塞，发生呕吐、黄疸和消化障碍等不同类别和不同程度的病变和症状。仅有雌虫而无雄虫时，造成蛔虫误入胆管或胰管的可能性增大。寄生数量太多时，虫体常在小肠内扭结成团，造成肠阻塞，严重时可导致肠破裂、肠穿孔，并继发腹膜炎，引起死亡。

蛔虫分泌的有毒物质和代谢产物引起过敏症状，如阵发性痉挛、兴奋和麻痹等。由于上述各种致病因素的作用，患猪一般呈现消瘦、发育不良和生长停滞。也常因抵抗力降低而引起并发症，甚至造成死亡。

3. 临床表现与特征

猪蛔虫病的临床表现，视猪只日龄、营养状况、感染强度、幼虫移行和成虫寄生致病不同而有所不同。一般以3～6个月的仔猪比较严重。幼虫移行期间肺炎症状明显，仔猪表现咳嗽，体温升高，呼吸加快，食欲减退。严重感染时可出现呼吸困难，心跳加快，呕吐流涎，精神沉郁，多喜躺卧，不愿走动，可能经1～2周好转或逐渐虚弱，导致死亡。

成虫大量寄生时，病猪主要表现营养不良，消瘦，贫血，被毛粗乱，食欲异常、减退或时好时坏，同时表现异嗜性。生长极为缓慢，增重明显降低，甚至停滞成为僵猪。更为严重时，由于虫体机械性刺激损伤肠黏膜，可出现肠炎症状，病猪表现腹泻，体温升高。如肠道阻塞，可出现阵发性痉挛性疝痛症状，甚至由于造成肠破裂而死亡。如虫体钻入胆管，病猪开始表现下痢，体温升高，食欲废绝，表现剧烈腹痛，烦躁不安，之后体温下降，卧地不起，四肢乱蹬，卧地后不动而死亡。如持续时间较长者，可视黏膜呈现黄疸。

有些病猪可呈现过敏现象，皮肤出现皮疹。也有些病猪表现痉挛性神经症状。此类现象时间较短，数分钟至1小时后消失。

6月龄以上的猪如寄生数量不多，营养良好，不出现明显的症状，就多数而言，由于虫体寄生使胃肠机能受到破坏，而出现食欲不振、磨牙和生长缓慢等现象。成年猪因有较强的抵抗力，能耐过一定数量虫体侵害，虽不呈现症状，可成为带虫者，成为本病的传染源。

4. 临床诊断

诊断猪蛔虫病时，主要诊断方法是生前粪便虫卵检查和死后尸体剖检。粪便虫卵检查是诊断蛔虫病的主要手段，1克粪便中虫卵数量达1000个时可以诊断为蛔虫病。因蛔虫强大的产卵能力，一般采用直接涂片法即可检出虫卵。如寄生的虫体少时，可采用漂浮集卵法进行检查。蛔虫是否为直接致死原因，还需根据虫体数量、病变程度、生前症状和流行病学资料以及是否有原发或继发疾病作出综合性判断。

5. 治疗

(1) 左咪唑　8毫克/公斤体重,溶水灌服,混料喂服或饮水服用,也可配成5%溶液皮下或肌内注射。对成虫和幼虫均有效。

(2) 噻苯唑(噻苯咪唑)　50～100毫克/公斤体重,用水灌服,也可按0.1%～0.4%的比例混拌饲料中喂服。不仅对成虫有效,而且对移行期幼虫也有治疗效果。

(3) 四咪唑(噻咪唑、驱虫净)　15～20毫克/公斤体重,配成5%水溶液灌服或混于饲料内喂服;皮下注射10毫克/公斤体重。对成虫和幼虫都有效。

(4) 丙硫咪唑　5毫克/公斤体重,喂服,对成虫和幼虫均有效。

(5) 甲苯唑　10～20毫克/公斤体重,灌服或混料喂服。对成虫有效。

(6) 噻嘧啶(抗虫灵)　20～30毫克/公斤体重,混入饲料一次喂给。对成虫和幼虫都有效。

(7) 敌百虫　100毫克/公斤体重,总量不超过7克,配成水溶液一次灌服或混入饲料喂服。对成虫有效。

(8) 伊维菌素(虫克星)　0.5毫克/公斤体重,注射或口服。对成虫和幼虫都有效。

6. 预防

对本病需采取综合措施,主要是消灭带虫猪,及时清除粪便,讲究环境卫生和防止仔猪感染。

(1) 预防性定期驱虫　在蛔虫病流行的猪场,每年定期进行两次全面驱虫。对2～6个月龄的仔猪,在断奶后驱虫1～2次,以后每隔1.5～2个月再进行1次预防性驱虫,后备母猪在配种前驱虫1次,母猪在分娩前1～4周内驱虫1次,公猪1年驱虫2次,这样可以减少猪体内的载虫量和降低外界环境中的虫卵污染率,从而逐步控制仔猪蛔虫病的发生。

（2）保持饲料和饮水的清洁卫生　尽量做好猪场各项饲养管理和卫生防疫工作，减少感染；增强猪的免疫力，供给猪只富含蛋白质、维生素和矿物质的饲料。饮水要新鲜清洁，避免猪粪污染。

（3）保持猪舍和运动场的清洁　猪舍内要通风良好，阳光充足，避免潮湿和拥挤。猪舍内要勤打扫，勤冲洗，勤换垫草。运动场和圈舍周围，应于每年春末和秋初翻土2次，或铲除一层表土，换上新土，并用石灰消毒。对圈舍、饲槽及工具要定期消毒（每月1次），及3%～5%的热碱水或20%～30%热草木灰水进行消毒。

（4）粪便的无害化处理　猪的粪便和垫草清除出圈后，要运到离猪舍较远的场所堆积发酵，进行生物热处理，以杀死虫卵。

（5）预防病原传入　引入猪只时，应先隔离饲养，进行1～2次驱虫后再并群饲养。

二、猪旋毛虫病

猪旋毛虫病是由旋毛虫成虫寄生于猪的肠管、幼虫寄生于横纹肌而引起的人畜共患病。该病是人畜重要的寄生虫病，人旋毛虫病可引起死亡。感染来源于摄食了生猪肉或未煮熟的含旋毛虫包囊的猪肉，故肉品卫生检验中将旋毛虫列为首要项目。

1. 病原

成虫微小，线状，虫体后端稍粗。雄虫大小约为1.4～1.6毫米，雌虫约为3～4毫米。前段自口至咽神经环部位为毛细管状，其后略膨大，后段又变为毛细管状，并与肠管相连。后段咽管的背侧面有一列由呈圆盘状特殊细胞（杆细胞）组成的杆状体。每个杆细胞内有核1个，位于中央。两性成虫的生殖系统均为单管型。雄虫尾端具有一对钟状交配附器，无交合刺，交配时泄殖腔可以翻出；雌虫卵巢位于体后部，输卵管短窄，子宫较长，其前段内含未分裂的卵细胞，后段则含幼虫，愈近阴道处的幼虫发育愈成熟。成虫寄生于小肠，称为长旋毛虫；幼虫寄生于横纹肌内，称肌旋毛虫。

2. 流行特点

旋毛虫能在自然界长期存在，成为一种永久性寄生虫。一是因为它的宿主众多，可以感染几乎所有的哺乳动物、某些鸟类、爬行动物、两栖动物等；二是它的传播、流行因素极其复杂，它可在自然界的腐尸、泥土、污水中长期存活。据试验，许多昆虫，如蝇蛆和步行虫，多能吞咽动物尸体内中的旋毛虫包囊，并能使包囊的感染力保持6～8天，故亦能成为乙肝动物的感染来源。有时宿主吞噬了大量含有大量幼虫的包囊以后，从粪便中排出未被彻底消化的肌纤维，其中含有幼虫包囊，这种粪便在新鲜的时候，有可能成为其它哺乳动物的感染来源。盐渍或烟熏不能杀死肌肉内深部的幼虫；在乳白的肉里能活100天以上。因此鼠类或其它动物的腐败尸体，可相当长期地保存旋毛虫的感染活力，这种腐肉被乙肝动物摄食，亦能造成感染。

一般认为猪感染旋毛虫主要是因为吞食了老鼠。鼠为杂食性，且常互相残食，一旦旋毛虫侵入鼠群，就会长期在鼠群中保持水平感染。鼠对旋毛虫敏感，两条幼虫即能造成感染。除鼠作为猪旋毛虫病的主要感染源外，某些动物的尸体、蝇蛆、步行虫，以至某些动物排出的含有未消化肌纤维和幼虫包囊的粪便，都能成为猪的感染源；用生的废肉屑、洗肉水和含有生肉屑的垃圾喂猪都可以引起旋毛虫病流行。旋毛虫病已成为一种全球性疾病，严重危害着人体健康，给养殖业和食品工业带来了重大的经济损失。《中华人民共和国农业部动物防疫法》（1999年）中将猪旋毛虫病列为二类动物疫病。为了保障猪肉食品的安全，我国《肉品卫生检验规程》中规定，在生猪屠宰时必须逐头进行旋毛虫病的检疫。

猪对本虫有很大的耐受性。猪自然感染时，肠型期影响极小；肌型期无临床症状，但可见有肌细胞横纹消失和肌纤维增生等。猪人工感染时，在感染后3～7天，可以见到因成虫侵入肠黏膜而引起的食欲减退、呕吐和腹泻。肌型期的症状通常出现在感染后第二周末,此时幼虫进入肌肉引起肌炎;临床上有疼痛或麻痹,运动障碍,声音嘶哑,呼吸、咀嚼与吞咽呈不同程度的障碍,体温上升,消瘦等症状。有时眼睑和四肢水肿。死亡的极少,多于4~6周后康复。

3. 临床表现与特征

(1) 临床症状　感染初期或者轻微感染时症状不明显。严重感染者3~7天后主要表现为肠道型,出现体温升高,食欲减退,呕吐,腹泻,便中带有血液,病猪迅速消瘦,常在12~15天内死亡。感染2~3周后,当大量幼虫侵入横纹肌,主要表现为肌肉型症状。病猪表现体痒,时常靠在墙壁、饲槽和栏杆上蹭痒。体温升高,肌肉僵硬、疼痛或麻痹,咀嚼、吞咽和行走困难,喜躺卧。精神不振,食欲减退,声音嘶哑,眼睑和四肢呈现水肿。该病在猪群发生时,极少出现死亡,多于4~6周后症状消失。

(2) 病理变化及症状　旋毛虫在动物宿主中的临床综合症状不太明显,多与感染量有关。猪轻度或中度感染可不表现症状,大量感染可致死亡。其临床表现可分为肠型期及肌型期。

① 肠道型。主要表现为急性肠炎变化;幼虫移行时,由于幼虫机械作用和毒素所致,破坏血管壁,引起出血和实质器官混浊脓肿,还可引起脂肪变性和纤维蛋白性肺炎与心包炎。

② 肌肉型。旋毛虫多寄生于肌肉,表现为肌浆溶解,附近的肌细胞坏死、崩解,肌细胞膜横纹消失、萎缩,肌纤维增厚,其在肌肉中寄生的数量以膈肌、舌肌、喉肌、咬肌、肋间肌及腰肌和胸肌为多,尤其以膈肌寄生数量最多。形成包囊的虫体,其包囊与周围肌纤维有明显界限,包囊内一般只含一个清晰盘卷的虫体,严重感染的病例也有包囊含2条至数条虫体的。钙化的虫体镜检可见轮廓模糊的虫体和包囊,连同包囊都钙化后,在镜下为一黑色团块。

猪人工感染时,在感染后3~7天可以见到因成虫侵入肠黏膜而引起的食欲减退、呕吐和腹泻。肌型期的症状通常出现在感染后第二周末,此时幼虫进入肌肉,引起肌炎;临床上有疼痛或麻痹,运动障碍,声音嘶哑,呼吸、咀嚼与吞咽呈不同程度的障碍,体温上升,消瘦等症状,有时眼睑和四肢水肿。死亡的极少,多于4~6周后康复。

4. 临床诊断

临床诊断要点如下：

(1) 人和多种动物均可被感染,在自然条件下感染旋毛虫病的家畜主要是猪。

(2) 该病一般先出现肠道症状,如呕吐、腹泻、消瘦；后表现为肌肉症状,如僵硬、触摸疼痛、运动障碍以及呼吸、咀嚼、吞咽困难等。

(3) 从左右膈肌纤维,特别是膈肌脚处剪取小块样品,剪去肌膜和脂肪,肉眼仔细观察看有无可疑的旋毛虫病灶。

(4) 剪取小肉粒（麦粒大小）压片镜检或用旋毛虫投影器检查,可见旋毛虫包囊只有一个细针尖大、未钙化的包囊,呈露滴状,半透明,较肌肉的色泽淡,包囊为乳白色、灰白色或黄白色,可疑时可进行压片镜检。

5. 防制措施

采取"治、检、管结合"的综合防治措施,即可防止旋毛虫进入人和动物的食物链,从而控制和消灭旋毛虫病。

(1) 宣传教育 通过宣传教育使群众认识到本病的危害性,从而改变吃生肉或生熟不分的习惯。由于鼠类旋毛虫的感染率高,且猪圈内常有老鼠存在,故灭鼠极为重要,猪场应注意防鼠。

除此之外,要提高社会警觉,使群众注意旋毛虫的危害,如用肉汤水喂猪必须煮熟后喂,不让猪吃死老鼠、死猫、死狗肉等；食用猪肉必须经过煮熟或冷冻以破坏旋毛虫,烹调加工要生熟分开、两刀两案等。不吃生的或半生不熟的肉食,以免人体感染旋毛虫病。

(2) 加强饲养管理 禁止用未经处理的碎肉垃圾和残肉汤以及有旋毛虫的猪肉和洗肉的水喂猪,如用该类物质作饲料,必须煮熟后才能喂。在猪场要防止鼠类在猪圈乱跑,以防止旋毛虫的侵袭。

(3)加强肉品卫生检验 禁止旋毛虫病猪肉、狗肉及其它被污染动物的肉食品上市。一旦检出有旋毛虫,猪肉必须全部作为工业用或销毁,一律不得出售食用。但皮下及肌肉间脂肪可炼取食用油,体腔内脂肪及除心脏外的脏器可供食用。

(4)治疗方法

①猪只患病可用磺苯咪唑,30毫克/公斤体重,肌注,1次/天,连用3天,可杀死已进入肌肉的虫体和包囊。或者用丙硫咪唑,15毫克/公斤体重,口服,1次/天,连用3周。

②对人体旋毛虫病的治疗可用噻苯咪唑(噻苯唑、噻咪唑),每天25~40毫克/公斤体重,分2~3次口服,5~7天为一个疗程,可杀死成虫和幼虫。

(5)加强肉品卫生检验,尤其是要加强基层屠宰点的屠宰检疫 加强屠宰检疫对控制和消灭人畜旋毛虫病具有十分重要的意义。

(6)病猪肉的无害化处理 目前,我国采用高温、辐射、腌制、冷冻等方法对病猪肉进行无害化处理。据试验,旋毛虫加热55℃15分钟可以破坏旋毛虫的感染性。实际应用中要适当提高温度和延长加热时间,才能保证肉类的安全性,以肉的中心温度达到70℃、时间10分钟为宜。所以养成熟食各种肉类的习惯,也是预防人旋毛虫病的关键。

三、猪囊虫病

猪囊虫病又称猪囊尾蚴病,是由猪带绦虫的幼虫——猪囊尾蚴(又称猪囊虫)寄生于猪、人各部横纹肌及心、脑、眼等器官引起的危害严重的人畜共患寄生虫病。猪带绦虫病患者是猪囊虫病的传染源。由于猪囊虫病和猪带绦虫病在人畜之间循环感染,不仅给养猪业带来了巨大的经济损失,而且对公共卫生危害极大。

1. 病原

(1)形态特征 猪带绦虫虫卵长35~42微米,有一层薄的卵壳,易脱落,内层有厚的胚膜,浅褐色,带有放射状条纹,里面有一个六钩蚴。猪带绦虫的幼虫期通常称作猪囊虫。幼虫为卵圆形，乳白色，半透明水泡状，大小约为（6～18）毫米×5毫米。囊内充满液体，头节从囊壁向内翻，其构造和成虫的头节相同。猪带绦虫的成虫乳白色，带状，长约2～7米，有的甚至可达8米，由800～1000个节片组成，分为头节、颈节、体节三部分。头节呈球形，上有顶突和四个吸盘，顶突上有两排角质小钩。颈节是生长部分。体节按照内部器官的发育程度，从前向后分为未成熟、成熟和妊娠体节。妊娠体节的子宫每侧有7～13个分支。每个妊娠体节中约含有3万～5万个虫卵。

（2）发育过程　人是猪带绦虫唯一的终末宿主，主要寄生在人体肠内，被感染者没有明显的临床症状。当人食用了生的或者未煮熟的含囊虫猪肉，猪囊虫即在人的肠内伸出头节，通过头节上吸盘和角质的小钩固定在小肠黏膜上，大约经过2～3个月发育为成虫。猪带绦虫病在整个生命过程中能产生数百万虫卵，脱落的妊娠体节和虫卵经患者粪便排出。充满虫卵的妊娠体节成熟衰老后陆续脱落，脱落的妊娠体节或者体节在肠内破碎后散布在粪便里的虫卵随粪便排出体外。虫卵可以在外界环境中生存数周。猪吃粪便时，将体节和虫卵吞入，虫卵经消化液作用孵出六钩蚴，侵入肠黏膜进入血管，随血流移行至全身各部位，主要是全身各部的肌肉，严重感染时可侵袭脑组织，经2～3个月可以发育为囊虫。

2. 流行特点

猪囊虫病呈全球分布，在我国北方地区流行较为普遍。

人是否感染猪带绦虫病主要决定于饮食卫生习惯和烹调方法。人食用了未熟透并带有囊虫的猪肉，或者用切了囊虫猪肉的菜刀和砧板再切熟食，囊虫混入熟食中，被人吃进后感染绦虫病。

猪和人是否感染囊虫病主要取决于人的卫生习惯和猪的饲喂管理方法。人的不卫生行为是造成囊虫传播的主要因素。例如在有的地区，人无厕所，随处大便，养猪无圈，猪吃人粪，粪便中含有猪带绦虫的妊娠体节和虫卵，造成猪囊虫病呈地方性流行。

3. 临床表现与特征

猪被少量囊虫感染时，一般无明显症状。被大量囊虫感染时，主要临床表现为营养不良、生长受阻、消瘦、贫血和水肿、前肢僵硬、叫声嘶哑、呼吸急促。幼龄猪食欲正常，但是生长缓慢，有的眼底或者舌下有突起的结节，有的两肩外张，臀部外观不正常，从前面看病猪呈现狮状外形，从背面看呈现哑铃状或葫芦状。某个器官严重感染时可能出现相应的症状，如囊虫寄生在膈肌、肋间肌、心肺及口腔部肌肉时，可出现呼吸困难、声音嘶哑和吞咽困难；寄生在眼部时，视力下降，甚至失明；寄生在脑部会出现神经症状，主要表现为癫痫症状，有时可发生急性脑炎而突然死亡。

剖检囊虫感染的病猪，可发现不同的寄生虫病变，一种是充满清澈透明物的囊泡，另外一种是不透明或凝胶状的囊状或结节状坏死灶。

4. 诊断

粪便检查发现有乳白色面条状的妊娠体节和用盐水漂浮法检测猪带绦虫卵是诊断绦虫病最可靠的方法。但是，患病初期，通常在粪便中检测不到绦虫体节和虫卵，应该进行多次检查方可最后确诊。

猪囊虫病的确诊通常是在死后检查，剖检时应该切开应检部位的肌肉，发现囊虫便可确诊。当大量囊虫感染猪时，猪生前可直接在舌肌上摸到突出舌面的猪囊虫结节。

实验室常采用血清学诊断方法。如酶联免疫吸附试验（ELISA）和间接血细胞凝集实验（IHA），随着抗原的纯化和技术的改进，检出率可达到90%以上。

5. 防制措施

预防猪的囊虫病，必须采取综合性措施，要从公共卫生、商业、畜牧等多方面着手。预防的主要目的是防止人和猪感染囊虫病，防止人吃进含有活的囊虫的猪肉发生猪带绦虫病。

讲究卫生，消灭传染源，做到人有厕所猪有圈，彻底消灭连茅圈，防止猪吃人粪而感染猪囊虫病。

加强肉品卫生检验。大力推广定点屠宰，集中检疫。国家规定，平均每40平方厘米的肌肉断面上有猪囊虫3个以上者，不准食用，3个以下者，煮熟或做成腌肉、肉松出售。

人患有猪绦虫病时，可用槟榔、南瓜子或氯硝柳胺（灭绦灵）等药物驱虫。驱虫后排出的虫体和粪便必须严格处理，彻底消灭感染源。

吡喹酮和丙硫咪唑已经用于治疗人感染猪带绦虫，也广泛用于猪感染猪带绦虫。丙硫咪唑每日剂量为30毫克/公斤体重，1次/天，每次间隔24～48小时，共服用3次。吡喹酮每日剂量为30～60毫克/公斤体重，1次/天，每次间隔24～48小时，共服用3次。

四、猪包虫病

包虫病亦称囊性棘球蚴病，是由寄生于狗、猫、狼、狐等肉食动物小肠内的细粒棘球绦虫的幼期细粒棘球蚴寄生于猪，也可寄生于牛、羊和人等肝、肺及其它脏器而引起的一种人畜共患病。细粒棘球蚴不仅压迫组织器官，而且由于囊泡破裂，囊液导致再感染或者引起过敏性疾病，给人造成严重的病症，甚至死亡。该病在动物与动物之间以及人与动物之间形成循环，成为自然疫源性疾病。近年来随着诸多因素的影响，包虫病已成为世界范围一个重要的公共卫生和经济问题。

1. 病原

（1）形态特征　包虫病是由细粒棘球绦虫的幼虫——细粒棘球蚴引起的囊型包虫病。其属于扁形动物门、绦虫纲、圆叶目、带科、棘球属。棘球蚴为包囊状构造，其形状因寄生部位不同而有所变化。包虫的囊壁分两层，外层为角质层，内层为生发层。生发层可向囊内直接长出许多头节，呈白色圆形小颗粒，它与成虫头节的区别是体积小而且没有顶突腺。生发层有时还可以转化为子囊。子囊可在母囊内生长，也可到母囊外进入母囊角质膜与宿主结缔组织之间而生长为独立的囊。子囊与母囊的结构一样，囊壁也是由角质层和生发层构成，同样产生头节和生发囊。一个繁殖力强的包虫可产生200多万个原头蚴。而有的包虫在某种动物体内适应时，其生发层不能长出原头蚴，该囊称为不育囊。不育囊多见于牛，可达90%；羊为8%，猪为20%。

（2）发育过程　细粒棘球绦虫寄生于狗、猫、狼和狐等肉食动物的小肠内，孕节脱落随粪便排出体外，破裂后虫卵散出，污染食物、饲料、饮水和牧场。棘球绦虫性成熟过程大约需要4~5周。虫卵被易感中间宿主（人、猪、羊和牛等）吞食，六钩蚴在消化道内孵出，然后钻入肠壁血管，随着血液循环到肝脏、肺脏等器官和组织中发育为棘球蚴（包虫）。狗、猫、狼和狐狸等动物吞食带有包虫的肝脏和肺脏等器官和组织后，经胃到小肠，在胃肠液的作用下，囊壁被消化，头节露出，经过7周左右发育为成虫。

2. 流行特点

包虫病分布于世界各地，猪、牛、羊等动物以及人均易感。猪感染包虫病主要是由于吞食狗、猫等动物粪便中的细粒棘球绦虫卵导致。狗、猫等食用了有包虫寄生的牛、羊、猪的肝脏、肺脏等组织器官或动物肉等感染细粒棘球绦虫。狗、猫在猪圈内饲喂或者饲养人员把狗、猫带到猪舍，均增加了猪感染猪包虫病的机会。

3. 临床表现与特征

猪感染包虫时主要表现为体温升高、呼吸困难、咳嗽、下痢。患病初期或者感染初期，猪不表现症状，严重感染时才会出现症状。包虫寄生于肺脏，主要症状是呼吸困难、咳嗽；寄生于肝脏，叩诊肝区浊音扩大，并有疼痛，鸣叫，腹围膨大，营养失调，消瘦。猪包虫病主要见于肝脏，其次为肺脏，其它脏器官不多见。肝脏和肺脏表面有白色结节，凹凸不平，切开有液体流出，在显微镜下可见到生发囊和头节，有时也可见到钙化的包虫或者化脓灶。

4. 诊断

猪感染该病后表现为慢性呼吸困难和咳嗽或者慢性营养不良；

叩诊肝区浊音区增大并有疼痛；剖检可见肝脏和肺脏表面凹凸不平，有棘球蚴露出于表面，切开流出液体。

临床上应用超声波探查、X线、CT扫描等诊断方法，能对包块损伤的部位、大小和物理性状等作出较为正确的判断。但对包块的性质在一些非典型影像病例通常难以做出准确的判断。因此，免疫学诊断辅助临床诊断尤为重要。目前免疫诊断初筛所选用的抗原主要是虫源性粗提抗原，包括囊液和头节抗原，不仅采集受到客观条件的限制，而且虫源性粗抗原成分复杂，容易出现假阳性和假阴性。由于囊液为多种组分的混合物，含有虫源性蛋白质、碳水化合物、虫体代谢产物以及宿主的组织成分，因此，许多研究者试图将粗体抗原进行纯化，从而提高其特异性。但是虫源性粗体抗原来源困难，提取和纯化难度大、产量少、易污染，并不能满足诊断应用的需要。目前人工合成特异性重组抗原成为解决包虫病血清学诊断所需抗原材料的主攻方向。

5. 防制措施

猪包虫病的治疗应该采取"预防为主，防治结合"的八字方针。首先应该切断传染源，禁止狗、猫进入猪圈，将狗、猫等粪便进行无害化处理，禁止用牛、羊肝脏和肺脏饲喂动物。发现其含有包虫应该进行无害化处理。春秋季节是防制包虫的最佳季节，每年至少驱虫4次。犬和猫口服氢溴酸槟榔碱分别为1.5～2.0毫克/公斤体重和2.5～4.0毫克/公斤体重。狗口服灭绦灵400毫克/公斤体重。

其次结合药物治疗，吡喹酮是一种异喹啉类化合物，其作用机制是参与调节虫体Ca^{2+}平衡，使虫体皮层细胞质的Ca^{2+}含量减少，增加肌内Ca^{2+}的摄取从而导致虫体痉挛和皮层呈空泡变性。肌内注射，50～80毫克/公斤体重，隔2天用药一次；或者溶于消毒的液体石蜡中，颈部或背部皮肤一次涂布。

五、猪带绦虫病

猪带绦虫是我国主要的人体寄生虫，分布广泛，人类感染可导致猪带绦虫病和囊虫病，特别是脑囊虫病对人类健康危害极大。

1. 病原

（1）形态特征 猪绦虫扁平、分节，呈乳白色。猪绦虫是原始的三胚层动物，是无脊椎动物，没有体腔。猪绦虫的成虫体长约2～4米，有的甚至可以达到8米。其体节占身体的大部分，约含有700～1000个。体节由颈节不断地以横分裂的方式产生，当一个新的节片在前面分化时，体节里的每个节片后移。

绦虫的生殖系统发达，并且是雌雄同体。每个节片是一个生殖单位。根据节片内生殖器的发育程度和子宫内含卵的情况，又将绦虫链体的节片分为未成熟的节片（即幼节）、成熟节片及妊娠节片。在妊娠节片中，子宫充分发育，几乎占据整个节片，子宫内约可容纳十几万个卵子。绦虫卵呈球形，直径0.2～0.43毫米，中间宿主猪主要是经食物或水吞咽了含有六钩蚴或虫卵的整个体节而感染。一般主要到达猪的肌肉组织（横纹肌）发育为侵袭性的幼虫——猪囊尾蚴。

（2）发育过程 猪带绦虫发育过程中有两个宿主，人是成虫的唯一终末宿主。人和猪均可作为成虫、幼虫、囊虫的中间宿主。当猪摄入带有囊尾蚴的中间宿主后，囊尾蚴经10天即可发育为成虫，30天后虫卵开始成熟。

2. 流行特点

猪带绦虫分布广泛，世界各地都有散发的病例。我国在一定地区呈地方性流行，如云南、东北、华东及中原一带，一般以青壮年感染为主，感染率男性高于女性。

3. 症状和病理变化

猪带绦虫病的临床特征不明显，其潜伏期一般为2～3个月。因虫体吸取营养并且刺激肠壁，其代谢产物具有毒性作用，使部分猪出现腹痛、腹胀、恶心及乏力等症状。

4. 诊断

猪带绦虫的头节（只有猪带绦虫有头节）、成熟节片中生殖器的形态和节片末端的妊娠子宫均可以作为绦虫鉴定的标准。ELISA检测小肠内的抗原是诊断绦虫最有效的方法,通过检测粪便中绦虫特异性分子确定绦虫感染情况。该方法的灵敏度约为95%、特异性约99%,目前是流行病学研究中比较有效的方法。

5. 防制措施

氯硝柳胺和吡喹酮是治疗猪绦虫病的有效药物。氯硝柳胺是首选,因该药物不在肠道内吸收。服用吡喹酮有一定的风险,血液中的吡喹酮对无症状的脑囊肿有影响,易引起神经症状——头疼、癫痫。氯硝柳胺的常规口服剂量是2克/次,吡喹酮常规服用剂量是5~10毫克/公斤。

第三节　蜘蛛昆虫病

一、猪疥螨病

疥螨病又称疥癣,俗称癞病,通常所称的疥螨病是指由于疥螨科或痒螨科的螨寄生在畜禽体表而引起的慢性寄生性皮肤病。该病以剧痒、湿疹性皮炎、脱毛、患部逐渐向周围扩展和具有高度传染性为特征。猪疥螨病是由猪疥螨寄生于猪的皮肤内引起的一种以皮肤病变为主的接触性、传染性寄生虫病。病猪以剧痒、结痂、脱毛、皮肤增厚及消瘦衰竭为特征,生长缓慢,饲料报酬下降,是严重危害猪生产的疾病之一。规模化猪场的猪群由于生长环境密集、猪群周转频繁、猪只之间接触机会增多,以及其它各种因素的影响,寄生虫病时有发生,特别是高温高湿环境条件下,表现更为明显。

1. 病原

疥螨寄生在猪皮肤深层由虫体挖凿的隧道内,以皮肤角质层组织和渗出的淋巴液为食。

2. 流行特点与临床特征

本病主要发生于冬季、秋末、春初时期,各种年龄、品种的猪均可感染。主要是由于病猪与健康猪直接接触，或通过被螨及其卵污染的圈舍、垫草和饲养管理用具间接接触等而引起感染。幼猪有挤压成堆躺卧的习惯，这是造成本病迅速传播的重要原因。此外，猪舍阴暗、潮湿、环境不卫生及营养不良等均可促进本病发生和发展。天气干燥、空气流通、阳光充足的条件下，大多数螨虫死亡，病势即随即减轻，但感染猪仍为带虫者，有少数螨可在耳壳、尾根、腹股沟等处潜伏，从而引起本病的传播。

育肥猪眼睛、颊部和耳朵四周、颈部、胸腹部、内股部为发病较明显的部位，仔猪多数遍及全身。主要表现为剧痒、结痂、脱毛、皮肤增厚及消瘦衰竭。剧痒是由于虫体活动时机械性刺激及分泌的毒素所引起，特点是进入温暖场所或运动后，痒觉更加增剧。由于皮肤损伤及炎症，炎性渗出液加上脱落的被毛、皮屑和污垢混杂在一起，干燥后就形成了石灰色痂皮；毛囊、汗腺受到破坏，因而被毛脱落。皮肤角质层增生，皮肤变厚，失去弹性而成皱褶或龟裂。痒觉造成畜禽烦躁不安，严重影响采食和休息，加之寒冷季节皮肤裸露，体温大量散失，体内蓄积的脂肪被大量消耗，患病动物日渐消瘦，生长缓慢，成为僵猪，严重时则发生衰竭死亡。病变通常起始于头部、眼下窝、面颊及耳部，患部皮屑脱落，进而出现过敏性皮肤丘疹，以后逐渐蔓延至背部、躯干两侧及后肢内侧，猪常在猪栏、墙壁等处摩擦，严重时造成出血、结缔组织增生和皮肤增厚，局部脱毛，形成皱纹或龟裂，龟裂处有血水流出。

3. 临床诊断

对有明显症状的患畜，根据发病季节、生活环境、剧痒、患病皮肤病变等，可做出初步诊断。确诊需结合实验室方法。

4. 防制措施

（1）治疗　内服伊维菌素或阿维菌素类药物，有效成分剂量为0.2~0.3毫克/公斤体重，严重病畜间隔7~10天重复用药1次。国内生产的类似药物有多种商品名称，剂型有粉剂、片剂（内服）和针剂（皮下注射）等。

（2）预防　引进种猪应经隔离检疫，转入生产区前应使用长效广谱驱虫剂（如通灭、长效伊维菌素）进行驱虫；后备种猪在驱除体内、外寄生虫后方可投入生产群内使用。加强清洁卫生和消毒工作，保持良好的生态环境。为防止猪圈、用具上的疥螨虫感染健康猪，在治疗病猪的同时，应彻底清除粪便，堆积发酵，对墙壁、地面、食槽、水槽等所有可能接触猪的地方全面消毒，并定期坚持进行，保持猪圈干燥。

断奶仔猪转入保育后，统一投服含有伊维菌素粉剂的饲料。母猪在产前2周左右注射毒性较低的通灭或长效伊维菌素，防止母猪将疥螨传染给小猪，种公猪每年春、秋季各驱虫1次。潮湿天气（如春、夏季节）比较容易发生疥螨病，应提前预防，可定期用0.1%螨净（体表驱虫药）或1%~3%敌百虫对中、大猪体表进行喷雾驱虫，间隔7~10天再喷雾1次。驱虫时要先准备好肾上腺素、阿托品等特效解救药以备急用；在屠宰或上市前7天内，禁止使用驱虫药。

二、猪蠕形螨病

猪蠕形螨病是由蠕形螨科中各种蠕形螨寄生于家畜及人的毛囊或皮脂腺而引起的皮肤病，该病又称为毛囊虫病或脂螨病。猪蠕形螨病是一种慢性消耗性寄生虫病，其一旦感染猪体，就渐渐消耗猪的营养，影响猪只生长，降低猪对饲料的利用率，进而减少养猪的经济效益。

1. 病原

虫体细长呈蠕虫样，半透明乳白色，一般体长0.17~0.44毫米、宽0.045~0.065毫米。全体分为颚体、足体和末体3个部分。颚体（假头）呈不规则四边形，由一对细针状的螯肢、一对分三节的须肢及一个延伸为膜状构造的口下板组成，为短喙状刺吸式口器。足体（胸）有4对短粗的足，各足基节与躯体腹壁愈合成扁平的基节片，不能活动，其它各节呈套筒状，能活动、伸缩，跗节上有一对锚状义形爪。末体（腹）长，表面具有明显的环形皮纹。雄虫的雄茎自足体的背面突出，雌虫的阴门为一狭长的纵裂，位于腹面第4对足的后方。

猪蠕形螨寄生在猪的毛囊和皮脂腺内，蠕形螨的全部发育过程都在宿主体上进行。蠕形螨钻入毛囊皮脂腺内，以针状口器吸取宿主细胞内含物。由于虫体的机械刺激和排泄物的化学刺激使组织出现炎性反应。虫体在毛囊中不断繁殖，逐渐引起毛囊和皮脂腺的袋状扩大和延伸，甚至增生肥大，引起毛干脱落。此外由于腺口扩大，虫体进出活动，易使化脓性细菌侵入而继发毛脂腺炎，形成脓疱。有的学者根据受虫体侵袭的组织中淋巴细胞和单核细胞的显著增加，认为引起毛囊破坏和化脓是一种迟发型变态反应。

2. 流行特征

蠕形螨病为接触传染性寄生虫病，先发生于猪的头部、颜面、鼻部和耳基部、颈侧等处的毛囊和皮脂腺，而后逐渐向其它部位蔓延。

3. 临床表现

猪蠕形螨病痛痒轻微，或没有痛痒，仅在病变部位出现针尖、米粒甚至核桃大的白色囊。囊内含有很多蠕形螨、表皮碎屑及脓细胞，细菌感染严重时，成为单个的小脓肿，最后连成片。有的患猪皮肤增厚、不洁、凹凸不平而盖以皮屑，并发生皱裂。切开皮肤上的白色囊或脓疱，做成涂片，镜检可发现虫体，呈狭长蠕虫样，半透明乳白色，一般体长0.25~0.3毫米、宽约0.04毫米；其头部为不规则四边形，胸部有四对很短的足，腹部长，表面有明显的横纹。

4. 诊断

本病的早期诊断较困难。可疑的情况下，可切破皮肤上的结节或脓疱，取其内容物作涂片镜检。猪蠕形螨感染应与疥螨感染相区别，本病毛根处皮肤肿起，皮表不红肿，皮下组织增厚，脱毛不严重，银白色皮屑具黏性，痒不严重；疥螨病则毛根处皮肤不肿起，脱毛严重，皮肤表面红而有疹突起，但皮下组织不增厚，无白鳞皮屑，有小黄痂，奇痒。

5. 防制措施

发现病猪时,首先进行隔离,并消毒一切被污染的场所和用具,同时,加强对患畜的护理。

治疗:①伊维菌素或阿维菌素,0.3毫升/公斤体重,一次皮下注射,隔7天后重复一次。②爱普利,1毫升/35公斤体重,一次皮下注射,1次/周,3~4次为一个疗程。对脓疱型重症病例还应同时选用高效抗菌药物,对体质虚弱患畜应补给营养,以增强体质及抵抗力。当继发细菌感染时,可局部应用抗菌、止痒、抗过敏药物,全身感染面积大时,可口服药物,有助于治疗继发性细菌感染。

三、猪虱病

猪血虱是猪最常见、永久性寄生、对猪危害较大的一种寄生虫。其多寄生于猪的体表,靠吸取猪的血液生活,在吸血的同时分泌毒素,使吸血部位发生痒感,从而影响猪的休息和采食。患猪不断蹭痒又造成皮肤损伤、脱毛、消瘦,乃至发育不良、生产性能降低。猪血虱在猪只间不断吸血,又成为其它猪传染病的一种重要的传播媒介,加重了猪只患病,给养猪业带来很大的经济损失。

1. 病原

猪血虱属于虱亚目血虱科血虱属的成员。猪血虱是一种无翅的小昆虫,虫体为椭圆形,背腹扁平,表皮呈革状,呈灰白色或灰黑色,体长可达5毫米。猪血虱对低温的抵抗力很强,对高温与湿热空气抵抗力弱。如离开宿主通常在1~10天内死亡,在35~38℃时经一昼夜死亡;在0~6℃时可存活10天。

2. 流行特点

本病分布于全世界,我国各地也普遍存在。猪舍卫生差、场地狭窄、密集拥挤、管理不善时最易感染此病。通过哺乳,母猪身上的虱子能传染给仔猪,同圈育肥猪发病可迅速波及全群。猪血虱病主要为直接接触传播,即患病猪与健康猪相互接触时,虫卵、若虫或成虫落到或爬到健康猪体上而引起健康猪感染。此外也可以通过带有虱卵或爬有若虫或成虫的饲养工具、树桩、栏杆、墙壁、饲槽及垫草等，间接接触感染。猪血虱寄生于猪体表面，多寄生于耳基部周围、颈部、腹下和四肢内侧，以吸食血液为生。

3. 临床表现

病猪表现体痒、摩擦，皮肤发生各种炎症，可见泡状小结节，不安心采食和休息，易疲倦，久之出现消瘦，增重缓慢，幼猪发育不良。因擦痒而被毛脱落和皮肤损伤，产生炎症和痂皮。猪虱多寄生在腋部、股内侧、下颌、颈下部、体躯下侧皮肤有皱褶处，耳郭后方也较多，很容易在寄生部位发现猪血虱及卵。

4. 诊断

综合流行病学资料、临床症状及镜检情况，可诊断为猪虱病。

5. 防制措施

（1）预防措施　猪舍和运动场要经常打扫，保持清洁卫生、干燥，经常消毒；猪舍内要保持通风良好，避免拥挤，垫草要勤换、常晒。饲养用具要定期消毒；对猪群要定期检查，特别自外地购进的猪更应详细检查耳根、下颌、腋间、股内侧有无猪虱、毛上有无虱卵，一经发现立即灭虱。

（2）治疗方法　临床治疗可选择的药物有敌百虫、锌硫磷液、蝇毒磷液、特敌克乳油水液、速灭杀丁乳油水液、锌硫磷乳油水液等，治疗方式可采用药浴、喷洒、涂抹。药物浓度：敌百虫0.5%～1%、锌硫磷液0.05%、蝇毒磷液0.025%～0.05%、特敌克乳油水液0.05%、速灭杀丁乳油水液0.008%～0.2%、锌硫磷乳油水液0.1%。

猪虱虽然不会导致猪死亡，但对猪造成刺激，猪表现烦躁不安、互相撕咬、皮肤局部受损、食欲减退、抵抗力下降，很容易会引发其它疾病。所以一定要重视，贯彻以防为主的方针，加强饲养管理，搞好环境卫生，坚持自繁自养和全进全出的饲养方式。减少猪场应激，搞好环境卫生，控制人员和物品流动，同时做好其它疫病的防治工作。

第三章

猪的普通病防治技术

第一节 消化系统疾病

一、消化不良

猪消化不良即卡他性胃肠炎，或称胃肠卡他，是胃肠黏膜表层炎症和消化紊乱的统称。猪消化不良可由多种病因所引发，如饲料配置不科学、饲喂条件突然改变、胃肠寄生虫病等。猪消化不良会严重影响胃肠营养吸收，进而导致生猪产肉增重缓慢，严重时甚至会引发死亡。消化不良按疾病经过分为急性消化不良和慢性消化不良。按病变部位分为胃卡他（以胃和小肠为主的消化不良）以及肠卡他（以大肠为主的消化不良）。

1. 病因

仔猪消化不良的发病原因主要包括以下几个方面：一是突然更换哺乳母猪饲料，致使乳汁成分发生较大改变，新生仔猪无法很好地适应；二是为哺乳母猪投喂变质发霉的饲料，导致乳汁中含有许多有毒成分，仔猪吸食含有有毒成分的乳汁，就极易因中毒而引发消化不良；三是突然更换仔猪料，或为仔猪过早补料；四是仔猪料配置缺乏合理性，蛋白质含量过高，矿物质、维生素等含量过低；五是猪舍卫生状况欠佳，地面、墙面、饮水、垫草、食槽等不清洁，致使细菌、病毒、寄生虫等大量滋生，加之仔猪机体发育不完善、胃酸分泌较少，无法对食糜、乳糜等很好地分解，进而极易引发仔猪消化不良。

成年猪消化不良病的发病原因主要包括以下几个方面：一是饲料投喂量不恒定，时而投喂过多，时而投喂过少；二是饲料配置不合理，含有过多的蛋白质、脂肪成分；三是饲喂冰冻、质地粗硬、发霉变质的饲料；四是饮水不洁，含有泥沙或有毒成分，致使胃肠黏膜发炎；五是某些热性病、传染病感染，也能继发或并发消化不良。

2. 临床表现

消化不良（机能性和器质性）的基本症状包括：食欲减退或废绝，有的异嗜；饮欲增进或烦渴贪饮，口腔干燥或湿润，有臭味，口色红黄或青白，舌体皱缩，被有舌苔；肠音增强、不整或减弱、沉衰；粪便或干小或稀软，含消化不全的粗纤维或谷粒，释放不同程度的臭味；全身症状不明显，体温、脉搏、呼吸无大变化。

胃机能障碍为主的急性消化不良病猪精神委顿，食欲大减或废绝，但大多烦渴贪饮，常发呕吐或干呕（呕逆动作），口臭，有舌苔，肠音沉寂，往往出现便秘、排尿少，尿色深黄。

肠机能障碍为主的急性消化不良最突出、最重要的症状是腹泻和贪饮。粪便呈稀糊状以至水样，释放恶臭，混有黏液、血丝和未经消化的饲料。病猪可通过腹壁触诊发现肠痛，可听到增强的以至雷鸣般带有金属音调的肠蠕动音，常伴发臌气。有的伴有轻热和中热。直肠卡他时，可见明显的里急后重，粪便表面覆盖有黏液和血丝，直肠温度增高，黏膜潮红，偶尔直肠脱出。

慢性胃肠卡他或消化不良病猪精神沉郁，结膜色淡并黄染，食欲不定，往往表现异嗜，舔食平时不愿吃的东西，如煤渣、沙土和粪尿浸染的垫草，还有大口吃粪的，口腔干燥或黏滑，口臭味大，有厚薄不等的灰白色或黄白色舌苔。肠音增强、不整或减弱。便秘与腹泻交替发生。粪便内含消化不全的粗大纤维和谷粒，病程数月至数年不等，最终陷于恶病质状态。

3. 治疗

治疗原则包括除去病因、改善饮食、清肠制酵、调整胃肠机能。

除去病因是消化不良得以彻底康复、不再复发的根本措施。改善饮食，减饲并施行食饵疗法，对消化不良的康复至关重要。病猪要喂给稀粥或米汤，给予充分的饮水。待彻底康复后再逐渐转为常饲。

清肠制酵指清理胃肠内容、制止腐败发酵过程，具有减轻胃肠负荷和刺激、防止和缓解自体中毒的作用，对排粪迟滞的消化不良病畜尤为必要。为此，对病猪可用缓泻剂或清洗肠道。蓖麻油或液状石蜡加适量制酵剂硫酮脂（鱼石脂代用品）或克辽林加水稀释后灌服，猪50～100毫升。硫酸镁或硫酸钠、氯化钠等盐类泻剂亦可应用，猪20～50克，加25倍水溶解后内服。

以胃机能障碍为主的消化不良，多在清理胃肠的基础上，酌情给予稀盐酸（猪2～10毫升），混在饮水中自行饮服，每日2次，连续3～5日，同时内服苦味酊、龙胆酊、橙皮酊、大蒜酊等苦味健胃剂或刺激性健胃剂以及酵母粉、胃蛋白酶等助消化剂，增强胃肠分泌和运动，则效果更好。

二、胃肠炎

胃肠炎是胃黏膜和/或肠黏膜及黏膜下深层组织重剧炎性疾病的总称，包括黏液化脓性、出血性、纤维素性、坏死性等炎症类型。生猪养殖过程中，猪胃肠炎是发病率较高的疾病之一，临床表现为精神萎靡、食欲不振，然后出现呕吐、腹泻、腹痛、脱水、体温升高等症状，严重影响生猪生长性能，甚至导致死亡。

1. 病因

（1）原发性胃肠炎　凡能致发胃肠卡他的因素，在刺激作用增强、持续和/或机体耐受防卫能力减弱的情况下，同样可致发胃肠炎。首先是饲料的品质不良，如发霉变质的玉米、大麦、豆饼和干草、冰冻腐烂的块根、块茎、青草或青贮，腐败变质的鱼粉。其次是各种中毒，如某些有毒植物中毒，砷和汞、铅、铜、铊等金属毒物中毒，有机氟等农药中毒以及真菌毒素中毒。

（2）继发性胃肠炎　见于炭疽、巴氏杆菌病、沙门菌病、钩端螺旋体病、猪瘟、猪传染性胃肠炎、吮乳仔猪坏死性肠炎等传染病的经过中。还见于肠球虫、肠钩虫、圆线虫的重度侵袭。

2. 临床表现与特征

疾病初起，多呈现急性消化不良，即急性胃肠卡他的症状，以后逐渐或迅速出现胃肠炎的典型临床表现，包括重剧的胃肠机能障碍和全身症状、明显的机体脱水和/或自体中毒体征、转归死亡的短急病程。

（1）全身症状重剧　病畜精神沉郁或高度沉郁，闭目呆立，不注意周围事物。食欲废绝而饮欲亢进。结膜暗红，巩膜中度或重度黄染。皮温不整，体温升高至40℃以上，少数病畜后期发热，个别病畜始终不见发热。脉搏增数，每分钟80～100次，初期充实有力，以后很快减弱。

（2）胃肠机能障碍重剧　病畜口腔干燥，口色深红、红紫或蓝紫，乃至蓝紫带黑色，舌质软弛，舌面皱缩，被覆多量灰黄色乃至黄褐色舌苔，口臭难闻。常有轻微的腹痛，喜卧地或回顾腹部，也有个别腹痛明显或剧烈的。病猪常发生呕吐，呕吐物中带有血液或胆汁。

持续而重剧的腹泻是胃肠炎的主要症状。病畜频频排粪，每天10～20次不等。粪便稀软、粥状、糊状以至水样，恶臭或腥臭，混杂数量不等的黏液、血液或坏死组织片。肠音在初期增强，后期减弱乃至消失。肛门松弛，排粪失禁，有的不断努责而无粪便排出，呈里急后重状态。

（3）脱水体征明显　胃肠炎病畜腹泻重剧的，呈中度或重度脱水体征，包括皮肤干燥、弹性减退，肚腹蜷缩，眼球塌陷，眼窝深凹，角膜干燥，暗淡无光，尿少色浓，血液黏稠暗黑。

(4) 自体中毒体征明显　病畜全身无力，极度虚弱，耳尖、鼻端和四肢末梢发凉，局部或全身肌颤，脉搏细数或不感于手，结膜和口色蓝紫，微血管再充盈时间延长，甚至出现兴奋、痉挛或昏睡等神经症状。

(5) 血、尿检验改变明显　初期，白细胞总数增多，中性粒细胞比例增大，核型左移，出现多量杆状核和幼稚型核（增生性左移）。后期或末期，白细胞总数减少，而中性粒细胞比例不大，且核型左移（退化型左移），由于脱水和循环衰竭而出现相对性红细胞增多症指征，包括血液浓稠、血沉减慢、红细胞压积容量增高（>40%）。尿少色暗比重高，呈酸性反应，含多量蛋白质、肾上皮细胞以至各种管型。

(6) 胃和小肠为主的胃肠炎　口腔症状突出，舌苔黄厚，口臭难闻，巩膜黄染重，肠音沉衰或绝止，排粪迟滞，粪便干小而色暗，被覆大量胶冻样黏液，后期有可能出现腹泻，自体中毒的体征比脱水的体征明显。

3. 诊断

依据全身症状，口腔症状，肠音、腹泻、粪便性状等配套而典型的胃肠症状，一般不难作出诊断。口腔症状明显、肠音沉衰、粪球干小的，主要病变可能在胃；腹痛和黄染明显、腹泻出现较晚，且继发积液性胃扩张的，主要病变可能在小肠；腹泻出现很早、脱水体征明显，并有里急后重表现的，主要病变在大肠。

病因诊断和原发病的确定比较复杂和困难。主要依据流行病学调查，血、粪、尿的化验，草料和胃内容物的毒物检验，以区分单纯性胃肠炎、传染性胃肠炎、寄生虫性胃肠炎和中毒性胃肠炎。必要时，可进行有关病原学的特殊检查。

4. 防制措施

(1) 做好营养供给　饲养人员应该根据生猪不同生长阶段的生理特性给其提供营养充足、全面且各种营养物质搭配合理的高质量饲料，保证饲料原料的新鲜度和适口性，这样才能保证生猪从饲料中获得生长所需的营养物质,提高自身抗病能力。同时,在给生猪喂料时,要根据自身养殖场的实际情况,做到定时定量,确保生猪的正常进食和消化,不可随意给生猪加料,破坏其进食规律;在给生猪换料时,必须做好饲料的过渡,以防突然换料引起猪群肠道不适。此外,切记不可将发霉、变质或者冰冻的饲料饲喂给生猪,以防其胃肠道受到刺激或损伤。

(2)提高管理水平 提高生猪饲养管理水平,能够在很大程度上预防猪胃肠炎疾病的发生。

(3)做好消毒工作 病原微生物是引起猪胃肠炎的重要因素之一,因此,养殖场应定期开展消杀工作,防止病毒、细菌等病原微生物大量生长繁殖。在消毒过程中不仅要对圈舍等进行全面消毒,还要对养殖场内的农具、养殖环境进行消毒。实践中可使用3%氢氧化钠稀释溶液定期对养殖场进行消毒,可有效杀灭致病菌。

(4)科学接种疫苗 在对猪胃肠炎进行预防时,可通过接种相关疫苗来预防。养殖场应在专业人员的指导下制定科学合理的免疫程序,并且要选择高质量的疫苗。在接种过程中要严格按照接种说明,确保疫苗接种后的有效性。

(5)防制措施 在治疗猪胃肠炎时,可采用西药或者中药。利用西药治疗时主要是根据病猪临床症状使用相应的抗生素并对病猪进行补液,补充其体内丢失的水分和盐分,改善其肾功能和心脏功能,从而帮助病猪逐步恢复健康。在治疗时,可使用鱼石脂5克、液体石蜡100克结合1000毫升生理盐水给猪灌服,促进其排出有毒有害内容物并保护胃肠黏膜,同时,使用庆大霉素、呋喃唑酮等进行治疗,用量为0.002克/公斤,巩固治疗效果;可给猪静脉注射1500毫升糖盐水、5毫升10%樟脑磺酸钠和25%维生素C,治疗其脱水症状;可给猪肌内注射3~4毫升维生素K_3,治疗其肠道出血症状。如果生猪因食用霉变饲料发病,可让猪内服50~100毫升蓖麻油来排出有害物质。利用中药治疗时主要遵循活血化瘀、清热解毒的原则,可称取白头翁15克、秦皮和禹余粮各10克、石榴

第三章 猪的普通病防治技术

皮8克、乌梅6克、陈皮和泽泻各5克,然后加水煎煮,用腐殖酸钠作为药引,用量为0.5克/头,连续服用5天,效果良好。

三、肠便秘

肠便秘,又名肠秘结、肠阻塞和肠内容物停滞,旧名便秘疝,中兽医称结症,是由于肠运动机能紊乱、内容物停滞,而使某段或几段肠管发生完全或不全阻塞的一组腹痛病。

1. 病因

(1) 喂给干硬不易消化的饲料和含粗纤维过多的饲料或喂粗料过多而青饲料不足。长期饲喂稻糠、酒糟,不易消化含粗纤维多的劣质饲料,或饲料中含泥沙过多,因异嗜而采食过多的泥沙、煤块或其它异物等,加上饮水不足、缺乏运动则导致肠便秘的发生。

(2) 饮水不足、喂盐不足、饲料突变和天气骤变。

(3) 以纯米糠饲喂刚断乳的仔猪、妊娠后期或分娩不久伴有肠弛缓的母猪。

(4) 某些传染病或其它热性病、慢性胃肠病期间,也常继发本病,如猪瘟、猪丹毒等热性传染病经过中。临床上因去势引起肠粘连而导致肠便秘也常有发生。

2. 临床表现

病猪食欲减少或废绝,饮欲增加或不饮,腹逐渐增大,喜躺卧,有时表现呻吟、呼吸增数、回顾腹部等腹痛症状。病初只排出少量干硬、颗粒状粪球,并在上面覆盖或镶嵌着稠厚的灰白色黏液;当直肠黏膜破损时,黏液中混有红的血液;伴随经常作排粪姿势,不断用力努责,但每次仅排出少量黏液,时间稍长则直肠黏膜水肿,往往能摸到腹腔内存在一条屈曲的圆柱状肠管或串球状坚硬的粪球,腹部听诊,肠音减弱或消失,腹部触诊有时敏感。严重的肠便秘,直肠可充满大量的粪球。若便秘肠管压迫膀胱颈可导致膀胱麻痹或尿闭。如无并发症,体温变化不大。另外,依据便秘发生的程度不同,可分为肠管的完全阻塞和不完全阻塞,临床表现各异,完全阻塞性便秘发病急、症状重,不完全阻塞性便秘症状相对较轻。

完全阻塞性便秘多呈中度或剧烈腹痛。初期口腔不干或稍干,但随着脱水的加重,口舌很快变干,病程超过24小时的,则舌苔灰黄、口臭难闻。初期排零星的小粪球,被覆黏液,数小时后排粪即完全停止。初期肠音不整(时强时弱、时频时稀)或减弱,数小时后则肠音沉衰(蠕动音短、稀、弱)乃至消失。初期除食欲废绝、脉搏增数外,全身状态尚好,但8~12小时后全身症状即开始明显增重,结膜潮红至暗红,脉搏细微而疾速,每分钟百次上下,常继发胃扩张而呼吸促迫,继发肠臌气而肷窝平满,或继发肠炎和腹膜炎而体温升高,腹壁紧张。病程短急,通常1~2日,也有拖延至3~5日的。

不全阻塞性便秘腹痛多隐微或轻微,个别呈中度腹痛。口腔不干或稍干,舌苔薄灰或不显舌苔,口臭味不大。排粪迟滞,粪便稀软、色暗而恶臭,有的排粪完全停止。肠音始终减弱或沉衰,也有肠音完全消失的。饮食欲多减退,完全不吃不喝的少。全身症状不明显,也不继发胃扩张和肠臌气。病程缓长,通常1~2周,也有拖延至3~5周的。一旦显现脉搏细数、结膜发绀、肌肉震颤、局部出汗等休克危象,即表明阻塞部肠段已发生穿孔或破裂,数小时内转归死亡。

3. 诊断

应首先依据腹痛、肠音、排粪及全身症状等临床表现,参照起病情况、疾病经过和继发病征,分析判断是小肠便秘还是大肠便秘,是完全阻塞还是不完全阻塞。

凡起病较急、腹痛较剧烈、排粪很快停止、肠音迅速消失,且全身症状在发病后不久(12小时内)即明显或重剧的,通常是完全阻塞性便秘。很快继发胃扩张的,是小肠便秘,包括十二指肠、空肠、回肠便秘;继发肠臌气的,是完全阻塞性大肠便秘,包括小结肠和左上大结肠便秘。

凡起病较缓、腹痛较轻微、病后12小时以上还能排少量粪便、不继发胃扩张和肠臌气,且全身症状不明显的,通常是不完全阻塞性便秘,包括盲肠、左下大结肠便秘等。腹痛轻微或呈间歇期较长的中度腹痛,病程3~5日全身症状已经比较明显的,要考虑胃膨大部便秘、泛大结肠便秘、泛小结肠便秘或泛结肠便秘。病程3~5天后全身症状仍然平和,腹痛仍然隐微或轻微,左侧结肠音或盲肠音特别沉衰,且肚腹蜷缩的,要考虑左下大结肠便秘,特别是盲肠便秘。

4. 防制措施

肠便秘的基本矛盾是肠腔秘结不通,并由此引起腹痛、胃肠臌胀、脱水失盐、自体中毒和心力衰竭等从属矛盾。因此,实施治疗时,应依据病情灵活运用,以疏通为主,兼顾镇痛、减压、补液、强心的综合性治疗原则。

(1) 治疗　对病猪应停饲,仅给少量青绿多汁饲料,饮以大量微温水,适当运动。断奶后更要精心饲养。农户散养的猪,要注意猪舍卫生,防止长期饲喂单一饲料,含粗纤维多难以消化的饲料,要经过软化或者煮烂,有异嗜癖的猪要及时治疗,防止采食泥沙、煤块等异物。对病初体况较好的猪,用硫酸钠或硫酸镁30~80克,加温水1000毫升,一次灌服;硫酸镁20~50克,蜂蜜20~25克,温水1000毫升,混合,一次灌服;大黄末50~80克,酚酞片4~8片,加水一次灌服。当病猪腹痛不安时,可用溴化钠5~10克,内服;或用氯丙嗪2~4毫升,一次肌内注射。在药物治疗无效时,应及时作剖腹术,施行肠管切开术或肠管切除术。

对病程长或病情较重的病猪宜用植物油或石蜡油50~200毫升,陈皮酊20毫升,鱼石脂5克,温水500~1500毫升,一次灌服;心力衰竭时,应用强心剂,10%葡萄糖液250~500毫升,10%安钠咖液5~10毫升,混合,一次静脉或腹腔注射。

(2) 预防　应从改善饲养管理着手,合理搭配饲料,粗料细喂,喂给青绿多汁饲料,每天保证足够的饮水,给予适量的食盐,适当运动,不用纯米糠饲喂刚断乳的仔猪。

四、腹膜炎

腹膜炎是腹膜壁层和脏层各种炎症的统称。按疾病的经过,分为急性和慢性腹膜炎;按病变的范围,分为弥漫性和局限性腹膜炎;按渗出物的性质,分为浆液性、浆液-纤维蛋白性、出血性、化脓性和腐败性腹膜炎。临床上以腹壁疼痛和腹腔积有炎性渗出液为特征。

1. 病因

原发性病因包括腹壁创伤、透创、手术感染(创伤性腹膜炎);腹腔和盆腔脏器穿孔或破裂(穿孔性腹膜炎);蛔虫、肝吸虫等腹腔寄生虫的重度侵袭(侵袭性腹膜炎)等。

继发性腹膜炎常发生于下列两种情况:①邻接蔓延,如子宫炎、膀胱炎、肠炎、肠变位、前胃炎、真胃炎、肠系膜动脉血栓-栓塞、顽固性肠便秘时,因脏壁损伤,失去正常的屏障机能,腹、盆腔脏器内的细菌经脏壁侵入腹膜脏层和壁层所致(蔓延性腹膜炎);②血行感染,如猪丹毒、巴氏杆菌病等病程中,病原体经血行感染腹膜所致(转移性腹膜炎)。

2. 临床表现与特征

急性多为脓毒性弥漫性腹膜炎。体温升高,呼吸呈胸式而快促,心搏亢进,精神不振。头垂,喜卧躺,有时呈腹痛不安,常回顾腹部,食欲渐减,有时口渴贪饮发生呕吐。随后食欲消失,腹泻,腹围的下半部增大下垂。

慢性多为局限性,病程缓慢,临床上不见明显症状,一般体温、呼吸、食欲等均正常。常伴有吃食不长膘,逐渐消瘦,腹部紧缩。当炎症范围扩大时,可出现体温短期的轻度上升,同时由于患部结缔组织的增生,有硬肿块、腹膜增厚、与附近器官发生粘连等变化。触诊时可摸到表面不光滑的瘤状肿块。

3. 病程及预后

穿破性、化脓性及腐败性腹膜炎,病猪常于数日内以至数小时内死于脓毒败血症或内毒素休克。急性弥漫性腹膜炎,一般可拖延

7～15日。结核病和诺卡氏菌病伴发的慢性弥漫性腹膜炎,经过数周至数月,终归死亡。

慢性腹膜炎,常造成腹腔脏器特别是肠管的广泛粘连,引起消化不良而陷入恶病质状态,预后不良。局限性腹膜炎,除非因粘连而造成肠狭窄,多数预后良好。

4. 治疗

原则是抗菌消炎,制止渗出,纠正水盐代谢紊乱。

(1) 抗菌消炎是治疗腹膜炎的首要原则 腹膜炎常因多种病原菌混合感染而引起,广谱抗生素或多种抗生素联合使用的效果较好。如四环素、卡那霉素、庆大霉素、红霉素、青霉素、链霉素等静脉注射、肌内注射或大剂量腹腔内注入。

(2) 消除腹膜炎性刺激的反射性影响 可用0.25%盐酸普鲁卡因液15～20毫升作两侧肾脂肪囊内封闭,或0.5%～1%盐酸普鲁卡因液8～12毫升作胸膜外腹部交感神经干封闭或阻断。

(3) 制止渗出 可静脉注射10%氯化钙液15～20毫升,每日1次。

(4) 纠正水、电解质与酸碱平衡失调 可用5%葡萄糖生理盐水或复方氯化钠液(20～40毫升/公斤),静脉注射,每日2次。对出现心律失常、全身无力及肠弛缓等缺钾症状的病畜,可在糖盐水内加适量10%氯化钾溶液,静脉滴注(氯化钾的总用量应依据血钾恢复程度确定)。

腹腔渗出液蓄积过多而明显妨碍呼吸和循环功能时,可穿刺引流。出现内毒素休克危象的病畜,应依据情况按中毒性休克施行抢救。

第二节 呼吸系统疾病

一、感冒

猪感冒又称为猪上呼吸道感染,是由寒冷刺激引发的以呼吸道黏膜炎症为主的急性全身性疾病，主要临诊特征是体温升高、咳嗽、羞明流泪、流鼻涕等。本病在养猪场经常出现，是一种常见病，一年四季均可发生，其中风寒感冒主要发生在寒冷的季节，风热感冒主要发生在春夏季节。

1. 病因及发病机理

猪感冒主要是因为外界温度发生突然大幅度降低或者气温不稳、忽高忽低剧烈变化，导致猪舍内阴冷潮湿进而引起的一种急性全身性疾病。猪感冒造成猪上呼吸道黏膜发炎，病猪出现体温升高、咳嗽、流鼻涕等临床症状，多数经过治疗可以康复。猪群日常管理不规范、饲料营养不平衡或营养物质不能满足猪需要、生活环境卫生状况不理想、猪只慢性疾病等众多原因导致猪不健康，猪只长期处于亚健康状态，当发生突然大幅度降温、遭受寒潮、舍温忽高忽低出现剧烈变化时，极易发生感冒。另外，当猪经过长途运输、免疫接种、转群、换料等较大应激时，由于自身免疫力降低，抵抗力出现较大幅度的下降，都易导致发生感冒。

2. 临床表现与特征

发生感冒后，患猪体温急剧升高，通常可达40.5～42℃，精神沉郁，食欲下降甚至废绝，呼吸急促，咳嗽不止，喷嚏不断，鼻孔流出浆液性鼻液，羞明多泪，眼结膜潮红，眼角有大量眼屎；患猪全身战栗，喜欢扎堆在温暖区域堆卧，病猪排便困难，粪便干燥导致便秘，尿色浅黄，病情严重的尿液为褐黄色。病程一般较短，大部分病猪可以治愈，病死率不高。如果饲养管理不当或者治疗效果欠佳继发支气管肺炎，会使症状加重，严重的甚至出现死亡现象。

3. 诊断

猪感冒与猪流行性感冒在临床上症状相似，容易混淆，不易区分。猪流行性感冒简称为猪流感，是因为猪感染了猪流感病毒而发生的一种急性热性、高度接触性传染病。养猪场因为饲养管理不合理，猪体质孱弱，当天气发生突然剧变、寒潮入侵、温度忽冷忽热时，造成猪群体质降低，抗病能力、免疫力下降，此时如被猪流感病毒感染即可引发猪流行性感冒。

4. 治疗

治疗要点在于解热镇痛、祛风散寒，防止继发感染。

解热镇痛可内服阿司匹林或氨基比林，猪 2~5 克；亦可肌内注射 30% 安乃近液，或安痛定液，或百尔定液，猪 5~10 毫升。在应用解热镇痛剂后，体温仍不下降或症状仍未减轻时，可适当配合应用抗生素或磺胺类药物，以防止继发感染。

祛风散寒应用中药效果好。当外感风寒时，宜辛温解表、疏散风寒，方用荆防败毒散加减；当外感风热时，宜辛凉解表、祛风清热，方用桑菊银翘散加减。

二、卡他性肺炎

卡他性肺炎，又称支气管肺炎或小叶性肺炎，是定位于肺小叶的炎症。以肺泡内充满由上皮细胞、血浆与白细胞等组成的浆液性、细胞性炎症渗出物为病理特征。临床上以弛张热型，叩诊有散在的局灶性浊音区和听诊有捻发音为特征。

1. 病因及发病机理

多由支气管炎发展而来。病因同支气管炎，如寒冷刺激、理化因素等。

过劳、衰弱、维生素缺乏及慢性消耗性疾病等凡使动物呼吸道防卫能力降低的因素，均可导致呼吸道常在菌大量繁殖或病原菌入侵而诱发本病。

已发现的病原有衣原体属、肺炎球菌、铜绿假单胞菌、化脓杆菌、猪嗜血杆菌、沙门菌、大肠杆菌、坏死杆菌、葡萄球菌、链球菌、化脓棒状杆菌、霉菌以及腺病毒、鼻病毒、流感病毒、3 型副流感病毒和疱疹病毒等。

本病常继发或并发于许多传染病和寄生虫病，如仔猪的流行性感冒、口蹄疫、猪肺疫、副伤寒等。

上述病因作用于动物机体，首先引起支气管炎，随后蔓延至肺泡，引起肺小叶或小叶群的炎症。炎症组织蔓延融合成大片的融合性肺炎时，病变范围如同大叶性肺炎，但病变新旧不一，肺泡内仍然是细胞性渗出物和脱落的上皮而非纤维蛋白，病性截然不同。

2. 临床表现与特征

病初呈急性支气管炎的症状，但全身症状较重剧。病畜精神沉郁，食欲减退或废绝，结膜潮红或蓝紫。体温升高1.5～2℃，呈弛张热，有时为间歇热。脉搏随体温而变化，病畜可超过百次。呼吸增数，可超过百次。咳嗽是固定症状，由干性痛咳转为湿性痛咳。流少量鼻液，呈黏液性或黏液脓性。

3. 病程及预后

病程一般持续2周。大多康复，少数转为化脓性肺炎或坏疽性肺炎，转归死亡。

4. 诊断

本病诊断不难。类症鉴别应注意与细支气管炎和纤维素性肺炎相区别。

细支气管炎呼吸极度困难，呼气呈冲击状。因继发肺气肿，叩诊呈过清音，肺界扩大。

纤维素性肺炎稽留热型，定型经过，有时见铁锈色鼻液，叩诊的大片浊音区内肺泡音消失，出现支气管呼吸音。X线检查显示均匀一致的大片阴影。

5. 治疗

治疗原则包括抑菌消炎、祛痰止咳和制止渗出。

抑菌消炎主要应用抗生素和磺胺类制剂。常用的抗生素为青霉素、链霉素及广谱抗生素。常用的磺胺类制剂为磺胺二甲基嘧啶。

在条件允许时，治疗前最好取鼻液作细菌对抗生素的敏感试验，以便对症用药。例如，肺炎双球菌、链球菌对青霉素较敏感，青霉素与链霉素联合应用效果更好。对金黄色葡萄球菌，可用青霉素或红霉素，亦可应用苯甲异噁唑霉素。

对肺炎杆菌，可用链霉素、卡那霉素、土霉素，亦可应用磺胺类药物。

对铜绿假单胞菌,可配伍用庆大霉素和多黏菌素B、多黏菌素F。

对多杀性巴氏杆菌使用氯霉素,按每公斤体重10毫克,肌内注射,疗效很好。

对大肠杆菌应用新霉素,按每日每公斤体重4毫克,肌内注射,每天注射1次。

病情顽固的,可应用四环素,猪0.1～0.25克,溶于葡萄糖生理盐水或5%葡萄糖注射液中,静脉注射,每日2次。

三、纤维素性肺炎

纤维素性肺炎,又称大叶性肺炎,是以细支气管、肺泡内充满大量纤维蛋白渗出物为特征的急性肺炎,常侵及肺的一个或几个大叶。临床上以高热稽留、铁锈色鼻液、大片肺浊音区和定型经过为特征。

1. 病因及发病机理

病因和发病机理尚未完全阐明。

近年证明,动物的大叶性肺炎主要是由肺炎双球菌引起的。

非传染性纤维素性肺炎,是一种变态反应性疾病。可诱发大叶性肺炎的因素甚多,如受寒感冒、过劳、吸入刺激性气体、胸部外伤、饲养管理不当等。

继发性纤维素性肺炎,见于流行性支气管炎及副伤寒等,常取非定型经过。

典型的纤维素性肺炎,其发展过程有明显的阶段性,一般分为4期:充血水肿期,持续12～36小时,特征是肺泡毛细血管充血与浆液性水肿,肺泡上皮肿胀并脱落,肺泡和细支气管内渗出大量白细胞和红细胞;红色肝变期,持续约48小时,肺泡和细支气管内充满纤维蛋白渗出物,其中含有大量红细胞、脱落的上皮和少量白细胞,渗出物很快凝固,病变的肺组织不含空气,质地坚实如肝脏样;灰色肝变期,持续时间约 48 小时或者更长,纤维蛋白渗出物开始发生脂肪变性和白细胞渗入,以后脂肪变性达最高度,外观先呈灰色后变灰黄色;肝变期的发展,在肺的不同部位不同步,致使罹病肺叶切面呈斑纹状大理石外观;溶解吸收期,渗出的蛋白质经溶蛋白酶作用变为可溶性的蛋白胨及更简单的分解产物色氨酸和酪氨酸,而被吸收或排出。

有些病例纤维素在灰色肝变期未被全部溶解和吸收,致使肺泡壁结缔组织增生,形成纤维组织,称为肉变。未被吸收的肝变部还可能发生坏死、软化,继发化脓性肺炎或坏疽性肺炎。

2. 临床表现与特征

起病突然,体温 40~41℃ 及以上,并稽留 6~9 日,以后渐退或骤退至常温。病畜精神沉郁,食欲降低或废绝,但是脉搏加快不明显。高热而脉搏不太快是本病早期的特征。呼吸促迫,每分钟可达 60 次,呈混合性呼吸困难。黏膜发绀、黄染,皮温不整,肌肉震颤。病畜频频发短痛咳,溶解期变为湿咳。肝变初期,流铁锈色或黄红色(如番红花)鼻液。

3. 病程及预后

典型的大叶性肺炎第 5~7 日为极期,第 8 日以后体温下降,全病程为 2 周左右。

非典型大叶性肺炎病程有长有短。轻症常止于充血期,并很快康复。重症可出现各种并发病,如肺脓肿、肺坏疽、胸膜炎等,转归于死亡。

4. 治疗

治疗原则是消除炎症、控制继发感染、制止渗出和促进炎性产物吸收。

(1) 消除炎症,控制继发感染 九一四(新胂凡纳明)对大叶性肺炎有较好的疗效。病初注射九一四,按每公斤体重 0.015 克计算,临用时溶于葡萄糖盐水或生理盐水 250 毫升内,缓慢静脉注射。

最好在注射前半小时，先皮下注射强心剂，如樟脑磺酸钠或咖啡因，待心脏机能改善后，再注射九一四，或将一次剂量分多次注射，较为安全。

在注射九一四的间隔期间，静脉注射四环素或土霉素，按每公斤体重日用量10～30毫克，溶于5％葡萄糖盐水100～250毫升内，分2次静脉注射，疗效显著。抗生素和磺胺类药物对本病亦有较好的抑菌消炎作用，可酌情选用。

也可配合应用普鲁卡因进行星状神经节封闭，静脉滴注氢化可的松或地塞米松等，以降低机体对各种刺激的反应，控制炎症发展。

（2）制止渗出，促进炎性产物吸收　可静脉注射10％氯化钙或葡萄糖酸钙溶液。为促进炎性渗出物吸收和排出，可选用利尿素或醋酸钾等利尿剂内服。

（3）对症处置　心力衰竭时，可选用安钠咖液、强尔心液及樟脑磺酸钠液等强心剂。为防止自体中毒，可静脉注射樟酒糖液或撒乌安液。

当呼吸高度困难时，可肌内注射氨茶碱，或行氧气吸入。

第三节　神经系统疾病

一、日射病和热射病（中暑）

中暑，又称日射病、热射病或中暑衰竭，是产热增多和/或散热减少所致的一种急性体温过高。临床上以超高体温、循环衰竭为特征。我国长江以南地区多在4～9月发生，长江以北地区多在7～8月发生。发病时间主要在中午至下午3～4时。

1. 病因

盛夏酷暑，日光直射头部，或气温高、湿度大、风速小，机体吸热增多和散热减少，是主要致发病因。驮载过重、骑乘过快、肌肉活动剧烈、产热增多，是促发因素。被毛丰厚、体躯肥胖及幼龄和老龄动物对热耐受力低，易发病。

2. 临床表现与特征

体温超过40℃时，大多数动物即表现精神沉郁、运步缓慢、步样不稳、呼吸加快、全身大汗，行进中主动停于树荫道旁，寻找水源。

体温达41℃时，精神高度沉郁，站立不稳，有的可呈现短时间的兴奋不安，乱冲乱撞，强迫运动，但很快转为抑制。出汗停止，皮表烫手，呼吸高度困难，鼻孔开张，两肋煽动，或舌伸于口外，张口喘气。心悸如捣，脉搏急速，每分钟可达百次以上。

体温超过42℃时，多数病畜昏睡或昏迷，卧地不起，意识丧失，四肢划动作游泳样动作，呼吸浅表急速，节律紊乱，脉搏微弱，不感于手，第一心音微弱，第二心音消失，血压下降，收缩压为10.66～13.33kPa，舒张压为8.0～10.66kPa，脉压变小。结膜发绀，血液黏稠，口吐白沫，鼻喷白色或粉红色泡沫（肺水肿或肺出血），在痉挛发作中死亡。

3. 病程及预后

病情发展迅速，病程短促，如不及时救治，可于数小时内死亡。轻症中暑，如治疗得当，可很快好转。并发脑水肿、出血而显现脑症状的，则预后不良。

4. 治疗

要点是促进降温，减轻心肺负荷，纠正水盐代谢和酸碱平衡紊乱。

应立即停止使役，将病畜移置阴凉、通风处，保持安静，多给清凉饮水。

降温是治疗成败的关键，可采用物理降温或药物降温。

物理降温包括用冷水浇身、头颈部放置冰袋、冰盐水灌肠或让病畜站立于冷水中，亦可用酒精擦拭体表，促进散热。

药物降温可用氯丙嗪，猪3毫克/公斤体重，肌内注射或混于生理盐水中静脉滴注。

为防止肺水肿,在行降温疗法之前或之后,静脉注射地塞米松1~2毫克/公斤体重。

对心功能不全的可适当应用强心剂,如安钠咖、洋地黄制剂。

对严重脱水或存在外周循环衰竭的,可静脉注射生理盐水和5%葡萄糖液。

在没有判明酸碱紊乱类型之前,切不可贸然应用5%碳酸氢钠液等碱性药物。

二、脑膜脑炎

1. 病因

原发性脑膜脑炎一般起因于感染或中毒。

感染主要是病毒感染,如疱疹病毒、肠道病毒感染等;其次是细菌感染,如链球菌、葡萄球菌、巴氏杆菌、沙门菌、大肠杆菌、化脓性棒状杆菌、变形杆菌、昏睡嗜血杆菌、单核细胞增多性李氏杆菌感染等。

中毒性因素,可见于铅中毒、食盐中毒及各种原因引起的严重的自体中毒。

继发性脑膜脑炎多系邻近部位感染及炎症蔓延,如颅骨外伤、角坏死、龋齿、额窦炎、中耳炎、全眼球炎等引起。还见于一些寄生虫病,如普通圆线虫病、脑脊髓丝虫病及脑包虫病等。

2. 临床表现与特征

临床表现因炎症的部位和程度而异。病畜颈、背部皮肤感觉过敏,轻微的刺激或触摸即可引起强烈的疼痛反应和肌肉强直性痉挛,头颈后仰。腱反射亢进。

一般脑症状病初表现轻度精神沉郁,不注意周围事物,目光凝视,有的头抵饲槽,呆立不动,反应迟钝。经数小时至1周后,突然转入兴奋状态,骚动不安,攀登饲槽,或冲撞墙壁,不顾障碍物地前冲,或行圆圈运动。在兴奋发作后,又陷入沉郁状态,头低眼闭，茫然呆立，呼之不应，牵之不动，处于昏睡状态或兴奋与沉郁交替。疾病后期，意识丧失，昏迷不醒，出现陈-施二氏呼吸，四肢作游泳样划动。病猪在兴奋期常向前乱冲、摇头、虚嚼、口吐白沫。

属神经刺激症状的有眼球震颤、斜视、瞳孔大小不等、鼻唇部肌肉痉挛，牙关紧闭及舌纤维性震颤等。属神经脱失症状的有口唇歪斜、耳下垂、舌脱出、吞咽障碍、听觉减退、视觉丧失、嗅觉味觉错乱。

病程3~14天，病情弛张，时好时坏，大多数死亡，少数转为慢性脑室积水。

3. 治疗

要点在于降低脑内压和抗菌消炎。

降低脑内压可颈静脉放血1000~3000毫升，随即静脉输注等量5%葡萄糖生理盐水，并加入25%~40%乌洛托品液100毫升。选用脱水剂，如25%山梨醇液、20%甘露醇液等，快速静脉注射，每公斤体重1~2克，效果更佳。

抗菌消炎应用青霉素4万单位/公斤体重和庆大霉素2~4毫克/公斤体重，静脉注射，每天4次。也可静脉注射氯霉素20~40毫克/公斤体重或三甲氧苄氨嘧啶20毫克/公斤体重，每天4次。

对症治疗，狂躁不安的可用溴化钠、水合氯醛、盐酸氯丙嗪等镇静剂，心机能不全的可用安钠咖、氧化樟脑等强心剂。

第四节 营养代谢病

一、佝偻病（软骨病）

佝偻病是生长期幼畜骨源性矿物质（钙、磷）代谢障碍及维生素D缺乏所致的一种营养性骨病。以骨组织（软骨的骨基质）钙化不全、软骨肥厚、骨骺增大为病理特征。临床表现为顽固性消化紊乱、运动障碍和长骨弯曲、变形。仔猪最为多发。

1. 病因及发病机理

先天性佝偻病起因于妊娠母畜体内矿物质（钙、磷）或维生素D缺乏，影响胎儿骨组织的正常发育。后天性佝偻病的主要病因是幼畜断奶后，日粮钙和/或磷含量不足或比例失衡、维生素D缺乏、运动缺乏和阳光照射不足。

日粮钙、磷缺乏或比例失衡，是佝偻病的主要病因。日粮钙、磷含量充足，且比例适当[（1.2～2）∶1]，才能被机体吸收、利用。单一饲喂缺钙乏磷饲料（马铃薯、甜菜等块根类）或长期饲喂高磷、低钙谷类（高粱、小麦、麦麸、米糠、豆饼等），其中PO_4^{3-}与Ca^{2+}结合形成难溶的磷酸钙复合物排出体外，以致体内的钙大量流失。相反，长期饲以富含钙的干草类粗饲料时，则引起体内磷的大量流失。

饲料和/或动物体维生素D缺乏也是佝偻病的重要病因。维生素D主要来源于母乳和饲料（麦角骨化醇），其次是通过阳光照射使皮肤中固有的7-脱氢胆固醇（维生素D_3元）转化为胆骨化醇（维生素D_3）。

麦角骨化醇（维生素D_2）和胆骨化醇（维生素D_3）在体内通过肝、肾的羟化作用转变成有活性的1,25-二羟维生素D，以调节钙、磷代谢的生物学效应，促进钙、磷的吸收，促进新生骨骼钙的沉积，动员成骨释钙，调节肾小管对钙、磷的重吸收，从而保持机体钙、磷代谢平衡。幼畜对维生素D缺乏比较敏感，当日粮组成钙、磷失衡，且北方冬季日照较少而维生素D不足时，易发生佝偻病。

断奶过早或罹患胃肠疾病时，影响钙、磷和维生素D的吸收、利用。肝、肾疾病时，维生素D的转化和重吸收发生障碍，导致体内维生素D不足。

日粮组成中蛋白（或脂肪）性饲料过多，在体内代谢过程中形成大量酸类，与钙形成不溶性钙盐排出体外，导致机体缺钙。

甲状旁腺机能代偿性亢进，甲状旁腺激素大量分泌，磷经肾排出增加，引起低磷血症而继发佝偻病。

2. 临床表现

先天性佝偻病幼畜生后即衰弱无力，经过数天仍不能自行起立。扶助站立时，腰背拱起，四肢不能伸直而向一侧扭转，前肢关节弯曲，躺卧呈现不自然姿势。

后天性佝偻病发病缓慢。病初精神不振，行动迟缓，食欲减退，异嗜，消化不良。随病势发展，关节部位肿胀、肥厚，触诊疼痛敏感（主要是掌和跖关节），不愿起立和走动。强迫站立时，拱背屈腿，痛苦呻吟。走动时，步态僵硬，仔猪多弯腕站立或以腕关节爬行，后肢则以跗关节着地。神经肌肉兴奋性增强，出现低血钙性搐搦。

病至后期，骨骼软化、弯曲、变形。面骨膨隆，下颌增厚，鼻骨肿胀，硬腭突出，口腔不能完全闭合，采食和咀嚼困难。肋骨变为平直以致胸廓狭窄，胸骨向前下方膨隆呈鸡胸样。肋骨与肋软骨连接部肿大呈串珠状（念珠状肿）。四肢关节肿大，形态改变。肢骨弯曲，多呈弧形（O形）、外展（X形）、前屈等异常姿势。脊椎骨软化变形，向下方（凹背）、上方（凸背）、侧方（侧弯）弯曲。

骨骼硬度显著降低，脆性增加，易骨折。检验所见：血钙、无机磷含量降低，血清碱性磷酸酶活性增高。骨骼中无机物（灰分）与有机物比例由正常的3∶2降至1∶2或1∶3。

3. 防制措施

首先要调整日粮中钙、磷的含量及比例，增喂矿物性补料（骨粉、鱼粉、贝壳粉、钙制剂）。饲料中补加鱼肝油或经紫外线照射过的酵母。将患畜移于光线充足、温暖、清洁、宽敞、通风良好的畜舍，适当进行舍外运动。冬季可行紫外线（汞石英灯）照射，每天20~30分钟。

对未出现明显骨和关节变形的病畜，应尽早实施药物治疗。

维生素D_2 2~5毫升（或80万~100万单位），肌内注射；或

维生素 D_3 5000～10000 单位，每天一次，连用 1 个月，或 8 万～20 万单位，2～3 天一次，连用 2～3 周。或骨化醇胶性钙 1～4 毫升，皮下或肌内注射。亦可应用浓缩维生素 AD（浓缩鱼肝油），仔猪 0.5～1 毫升，肌内注射，或混于饲料中喂予。

钙制剂一般均与维生素 D 配合应用。碳酸钙 5～10 克或磷酸钙 2～5 克，乳酸钙 5～10 克或甘油磷酸钙 2～5 克内服。亦可应用 10%～20%氯化钙液或 10%葡萄糖酸钙液 20～50 毫升，静脉注射。

二、硒缺乏症

硒缺乏症是以硒缺乏造成骨骼肌、心肌及肝脏变质性病变为基本特征的一种营养代谢病。世界多数国家和地区均有发生。在病因尚未阐明以前，本病曾以主要病理解剖学特征或其临床表现而有各种命名，如肌营养不良、营养性肌萎缩症、营养性肌病、强拘症、白肌病，中毒性肝营养不良、营养性肝坏死、营养性肝病，心肌营养不良、营养性心肌病以及猪的桑葚心病、心猝死等。鉴于硒缺乏同维生素 E 缺乏在病因、病理、症状及防治等诸方面均存在着复杂而紧密的关联性，有人将两者合称为"硒和/或维生素 E 缺乏综合征"。

1. 病因

20 世纪 50 年代后期研究确认，硒是动物机体必需的微量元素，而本病的病因就在于饲粮与饲料的硒含量不足。

植物性饲料中的含硒量与土壤硒水平直接相关。土壤中的无机硒化合物，以硒酸盐、亚硒酸盐等硒化物以及元素硒的形式存在，其中硒酸盐及亚硒酸盐有较高的水溶性，易为植物吸收、利用。一般以土壤内的水溶性硒作为其有效硒。

土壤中水溶性硒的含量直接影响植物的含硒量。土壤硒含量一般介于 0.1～2.0 毫克/千克之间，植物性饲料的适宜含硒量为 0.1 毫克/千克。当土壤含硒量低于 0.5 毫克/千克，植物性饲料含硒量低于 0.05 毫克/千克时，便可引起动物发病。可见低硒环境（土壤）是本病的根本致病原因，低硒环境（土壤）通过饲料（植物）作用于动物机体而发病。因此，水土食物链是本病的基本致病途径，而低硒饲料则是本病的直接病因。

此外，饲料中维生素E的含量与其它抗氧化物质以及脂肪酸尤其不饱和脂肪酸的含量也是重要的影响因素或条件。

2. 病理学变化

以渗出性素质，肌组织变质性病变，肝营养不良，胰腺体积缩小，外分泌部变性、坏死，淋巴器官发育受阻及淋巴组织变性、坏死为基本特征。

心包腔及胸膜腔、腹膜腔积液。骨骼肌变性、坏死及出血肌肉色淡，在四肢、臀背部活动较为剧烈的肌群，可见黄白、灰白色斑块、斑点或条纹状变性、坏死，间有出血性病灶。某些幼畜于咬肌、舌肌及膈肌也可见到类似病变。心肌病变仔猪最为典型，表现为心肌弛缓，心容积增大呈球形，于心内、外膜及心肌切面上见有黄白、灰白色点状、斑块或条纹状坏死灶，间有出血，呈典型的"桑葚心"外观。胃肠道平滑肌变性、坏死，十二指肠尤为严重。肝脏营养不良、变性及坏死仔猪症状表现严重，俗称"花肝病"。肝脏表面、切面见有灰、黄褐色斑块状坏死灶，间有出血。仔猪的胰腺眼观体积小，宽度变窄，厚度变薄，触之硬感。病理组织学所见为急性变性、坏死，继而胞质、胞核崩解，组织结构破坏，坏死物质溶解消散后，其空隙显露出密集、极细的纤维并交错成网状。淋巴结可见发育受阻以及重度变性、坏死病变。

3. 临床表现

仔猪表现为消化紊乱并伴有顽固性或反复发作的腹泻；骨骼肌肌病所致的姿势异常及运动功能障碍，喜卧，站立困难，步样强拘，后躯摇摆，甚至轻瘫或呈犬坐姿势；心率加快与心律失常。肝实质病变严重的，可伴有皮肤黏膜黄疸。肥育猪有黄脂症；成年猪有时排红褐色肌红蛋白尿；急性病例常在剧烈运动、惊恐、兴奋、追逐过程中突然发生心猝死，多见于1~2月龄营养良好的个体。

4. 诊断

依据基本症状群，结合特征性病理变化，参考病史及流行病学特点，可以确诊。

5. 治疗

0.1%亚硒酸钠溶液肌内注射，效果确实。剂量：成年猪10～12毫升，仔猪1～2毫升。可根据病情，间隔1～3天重复注射1～3次。配合补给适量维生素E疗效更好。

6. 预防

在低硒地带饲养的猪或饲用由低硒地区运入的饲料时，必须普遍补硒。补硒的办法：直接投服硒制剂，将适量硒添加于饲粮、饮水中喂饮；对饲用植物作植株叶面喷洒，以提高植株及籽实的含硒量；低硒土壤施用硒肥。当前简便易行的方法是应用硒饲料添加剂，硒的添加量为 0.1～0.2 mg/kg。

三、维生素A缺乏症

维生素A缺乏症是维生素A长期摄入不足或吸收障碍所引起的一种慢性营养缺乏病，以夜盲、干眼病、角膜角化、生长缓慢、繁殖机能障碍及脑和脊髓受压为特征。

1. 病因

（1）原发性缺乏

① 饲料中维生素A原或维生素A含量不足。舍饲家畜长期单一喂饲劣质米糠、麸皮、玉米以外的谷物以及棉籽饼、亚麻籽饼、甜菜渣等维生素A原含量贫乏的饲料。成猪喂饲低维生素A饲料4～5个月才有可能显现临床症状。幼猪肝脏维生素A的储备较少，对低维生素A饲料较为敏感，仔猪2～3个月即可发病。

② 饲料加工、贮存不当。饲料中胡萝卜素多不稳定，加工不当或贮存过久即可使其氧化破坏。如自然干燥或雨天收割的青草，经日光长时间照射或植物内酶的作用，所含胡萝卜素可损失50%以上。煮沸过的饲料不及时饲喂，长时间暴露，胡萝卜素可发生氧化

而遭到破坏。配合饲料存放时间过长，其中不饱和脂酸氧化酸败产生的过氧化物能破坏包括维生素 A 在内的脂溶性及水溶性维生素的活性。饲料青贮时胡萝卜素由反式异构体转变为顺式异构体，在体内转化为维生素 A 的效率显著降低。

③ 饲料中存在干扰维生素 A 代谢的因素。磷酸盐含量过多可影响维生素 A 在体内的贮存；硝酸盐及亚硝酸盐过多，可促进维生素 A 和维生素 A 原分解，并影响维生素 A 原的转化和吸收；中性脂肪和蛋白质不足，则脂溶性维生素 A、维生素 D、维生素 E 和胡萝卜素吸收不完全，参与维生素 A 转运的血浆蛋白合成减少。

④ 机体对维生素 A 的需要增加。见于妊娠、泌乳、生长过快，以及热性病和传染病的经过中。

(2) 继发性缺乏　胆汁中的胆酸盐可乳化脂类形成微粒，有利于脂溶性维生素的溶解和吸收。胆酸盐还可增强胡萝卜素加氧酶的活性，促进胡萝卜素转化为维生素 A。慢性消化不良和肝胆疾病时，胆汁生成减少和排泄障碍，可影响维生素 A 的吸收。肝脏机能紊乱，也不利于胡萝卜素的转化和维生素 A 的贮存。

2. 临床表现

幼猪呈现明显的神经症状，头颈向一侧歪斜，步样蹒跚，共济失调，不久即倒地并发出尖叫声。目光凝视，瞬膜外露，继之发生抽搐，角弓反张，四肢作游泳样动作，持续 2～3 分钟后缓解，间隔一定时间可再度发作。

有的表现皮脂溢出，周身表皮分泌褐色渗出物，还可见有夜盲症、视神经萎缩及继发性肺炎；成年猪后躯麻痹，行走步样不稳，后躯摇晃，两后肢交叉，后期不能站立，针刺反应减退或丧失。

3. 诊断

根据长期缺乏青绿饲料的生活史，夜盲、干眼病、共济失调、麻痹及抽搐等临床表现，维生素 A 治疗有效等，可建立诊断。应注意与狂犬病、伪狂犬病、李氏杆菌病、病毒性脑炎、低镁血症、急性铅中毒、食盐中毒等类症进行鉴别。

4. 治疗

应用维生素 A 制剂。内服鱼肝油,成猪 20~50 毫升,仔猪 5~10 毫升,每日 1 次,连用数日。肌内注射维生素 A,猪 2 万~5 万单位,每日 1 次,连用 5~10 日。也可肌内或皮下分点注射经 80℃ 2 次灭菌的精制鱼肝油,猪 5~10 毫升。

5. 预防

主要在于保证饲料中含有足够的维生素 A 或维生素 A 原。也可肌内注射维生素 A,每公斤体重 3000~6000 单位,每隔 50~60 天 1 次。妊娠母畜须在分娩前 40~50 天注射。谷物饲料贮藏时间不宜过长,配合饲料要及时喂用,不要存放。

第五节 中毒性疾病

一、亚硝酸盐中毒

猪亚硝酸盐中毒,是猪摄入富含硝酸盐、亚硝酸盐过多的饲料或饮水,引起高铁血红蛋白症,导致组织缺氧的一种急性、亚急性中毒性疾病。临诊体征为可视黏膜发绀、血液酱油色、呼吸困难及其它缺氧症状。本病在猪较多见,常于猪采食完毕后 15 分钟到数小时发病,故俗称"饱潲病"或"饱食瘟"。

1. 病因

亚硝酸盐是饲料中的硝酸盐在硝酸盐还原菌的作用下,经还原作用而生成的。因此,亚硝酸盐的产生,主要取决于饲料中硝酸盐的含量和硝酸盐还原菌的活力。

饲料中硝酸盐的含量,因植物种类而异。富含硝酸盐的饲料有甜菜、萝卜、马铃薯等块茎类、白菜、油菜等叶菜类,各种牧草、野菜、作物的秧苗和秸秆(特别是燕麦秆)等。即使同一种饲料,其硝酸盐含量在不同地区、不同年份亦有很大变动,受许多因素的影响,主要取决于植物内硝酸盐生成、吸收过程与分解、利用过程之间的平衡。

植物中的硝酸盐，是土壤内的氮素经硝化菌作用而生成的。吸收后，在植物体内由钼、锰等无机盐辅酶催化，经历一系列还原过程，依次变为亚硝酸盐、氢氧化铵以至氨。后者与经光合作用生成的有机酸结合为氨基酸，进而合成为植物蛋白。

因此，凡能促进硝酸盐生成和吸收的因素，如土地肥沃、氮肥过施；凡能妨碍硝酸盐利用和蛋白同化过程的因素，如光照不足、矿物质缺乏、气候急变、撒布除草剂、病虫灾害等，都会使植物中的硝酸盐含量增高。

亚硝酸盐亦可在猪体内形成，在一般情况下，硝酸盐转化为亚硝酸盐的能力很弱，但当胃肠道机能紊乱时，如患肠道寄生虫病或胃酸浓度降低时，可使胃肠道内的硝酸盐还原菌大量繁殖，此时若动物大量采食含硝酸盐饲草饲料时，即可在胃肠道内大量产生亚硝酸盐并被吸收而引起中毒。外界的硝酸盐还原菌，需要一定的温度和湿度，最适温度为20～40℃。当白菜、油菜、甜菜、野菜等青绿饲料或块茎饲料，经日晒雨淋或堆垛存放而腐烂发热时，往往会使硝酸盐还原菌活跃，产生大量亚硝酸盐，导致中毒。作为硝酸盐还原菌供氢物质的有乳酸、蚁酸、琥珀酸、苹果酸、柠檬酸、葡萄糖、甘油、甘露醇等糖类的分解产物。

作为硝酸盐还原菌活动的最适酸碱环境，则随还原过程的阶段而不同：硝酸盐还原为亚硝酸盐，最适pH为6.3～7.0；亚硝酸盐还原为氢氧化铵，最适pH为5.6；氢氧化铵还原为氨，最适pH为6～7。

饮用硝酸盐含量高的水，也是造成亚硝酸盐中毒的原因。猪亚硝酸钠中毒量为48～77毫克/公斤，最小致死量为88毫克/公斤；亚硝酸钾最小致死量为20毫克/公斤左右；硝酸钾最小致死量则为4～7克/公斤。饮水的硝酸钾安全极限为200毫克/千克。

2. 临床表现

通常在采食后1小时左右突然起病，同群同饲的猪只多同时或相继发生,且好抢食的病情重,故有"饱潲病"或"饱潲瘟"之俗称。病猪流涎;可视黏膜发绀,呈蓝紫色乃至紫褐色;血液褐变,色如咖啡或酱油;耳、鼻、四肢以至全身厥冷,体温正常或低下;兴奋不安,步态蹒跚,无目的徘徊或作圆圈运动;呼吸高度困难;心跳急速,不久即倒地昏迷,四肢泳动,抽搐窒息而死。整个病程不过1小时。

3. 诊断

应依据黏膜发绀、血液褐变、呼吸高度困难等主要临床症状,特别短急的疾病经过,以及起病的突然性、发生的群体性、与饲料调制失误的相关性,果断地作出初步诊断,并火速组织抢救,通过特效解毒药美蓝的即效高效,验证诊断。必要时,可在现场作变性血红蛋白检查和亚硝酸盐简易检验。

亚硝酸盐简易检验:取残余饲料的液汁1滴,滴在滤纸上,加10%联苯胺液1~2滴,再加10%醋酸液1~2滴,滤纸变为棕色,即为阳性反应。

变性血红蛋白检查:取血液少许于小试管内振荡,棕褐色血液不转红的,大体就是变性血红蛋白。为进一步确证,可滴加1%氰化钾(钠)液1~3滴,血色即转为鲜红。

4. 治疗

小剂量美蓝是亚硝酸盐中毒的特效解毒药,具有药到病除、起死回生的作用。剂量为1~2毫克/公斤(猪)。通常用1%美蓝液(取美蓝1克,溶于10毫升酒精中,再加灭菌生理盐水90毫升)0.1~0.2毫升/公斤,耳后肌内注射。

亦可用甲苯胺蓝,其还原变性血红蛋白的速度比美蓝快37%。剂量为5毫克/公斤,配成5%溶液,静脉注射、肌内注射或腹腔注射。

大剂量抗坏血酸,作为还原剂用于亚硝酸盐中毒,疗效也很确实,而且取材方便,只是奏效速度不及美蓝。猪0.5~1克配成5%溶液,肌内或静脉注射。

5. 预防

注意改善青绿饲料的堆放和蒸煮办法。青绿饲料，不论生熟摊开敞放，是预防亚硝酸盐中毒的有效措施。接近收割的青绿饲料，不应施用硝酸盐等化肥，以免增高其中硝酸盐或亚硝酸盐的含量。

二、霉饲料中毒

霉饲料中毒就是动物采食了发霉饲料而引起的中毒性疾病。临床上以神经症状为特征。各种猪都可以发生，仔猪和妊娠母猪较敏感。

1. 病因

自然环境中，含有许多真菌，常寄生于含淀粉的饲料上，如果温度（28℃左右）和湿度（80%～100%）适宜，就会大量生长繁殖。有些真菌在生长繁殖过程中能产生有毒物质。目前已知的真菌毒素有数百种以上，最常见的有黄曲霉毒素、镰刀菌毒素和赤霉菌毒素等。这些真菌毒素都可引起猪中毒。发霉饲料中毒的病例，临床上常难以确定为何种真菌毒素中毒，往往是几种真菌毒素协同作用的结果。

2. 临床表现与特征

进行病史调查，了解饲喂发霉饲料的情况。临床症状仔猪和妊娠母猪较为敏感。中毒仔猪常呈急性发作，出现中枢神经症状，头弯向一侧，头顶墙壁，数天内死亡。大猪病程较长，一般体温正常，初期食欲减退。白猪的嘴、耳、四肢内侧和腹部皮肤出现红斑。后期出现停食、腹痛、下痢或者便秘，粪便中混有黏液或者血液，被毛粗乱，迅速消瘦，生长迟缓等。妊娠母猪常引起流产及死胎。病理变化主要为肝实质变性。肝淡黄色，显著肿大，质地变脆。淋巴结水肿。病程较长的病例，皮下组织黄染，胸腹膜、肾、胃肠道常出血。急性病例最突出的变化是胆囊黏膜下层严重水肿。

3. 防制措施

治疗霉饲料中毒无特效疗法。发病后应立即停喂发霉饲料，换喂优质饲料，同时进行对症治疗。急性中毒，用 0.1％高锰酸钾溶液、温生理盐水或 2％碳酸氢钠液进行灌肠、洗胃后，口服盐类泻剂，如硫酸钠 30～50 克加水 1 升，1 次口服。静脉注射 5％葡萄糖氯化钠注射液 300～500 毫升、40％乌洛托品 20 毫升，同时皮下注射 20％安钠咖 5～10 毫升，以增强猪体抵抗力，促进毒素排出。

预防的根本措施是防止饲料发霉变质。对轻微发霉的饲料，必须经过去霉处理后限量饲喂；发霉严重的饲料，绝对禁止喂猪。①防霉方法：防止饲料发霉变质的关键是控制水分和温度，使谷物尽快干燥，并置于干燥、低温及通风良好处储存。②去霉方法：目前尚未有满意的方法，对轻微发霉饲料，使用 1.5％氢氧化钠液或草木灰水浸泡处理，或用清水多次清洗，直至泡洗液清澈无色为止，但经过这种方法处理的饲料，仍含有一定的毒性物质，应限量饲喂。

三、有机磷农药中毒

有机磷农药中毒，是由于接触、吸入或误食某种有机磷农药所致，以体内胆碱酯酶钝化和乙酰胆碱蓄积为毒理学基础，以胆碱能神经效应为临床特征。

1. 病因及发病机理

有机磷农药可经消化道、呼吸道或皮肤进入机体而引起中毒。常发生于下列情况：误食撒布有机磷农药的庄稼，误饮撒药地区附近的地面水；配制或撒布药剂时，粉末或雾滴沾染附近或下风方向的畜舍、饲料及饮水，被猪所舔吮、采食或吸入；配制农药的容器当作饲槽或水桶而用于饮喂家畜；用药不当，如滥用有机磷农药治疗外寄生虫病，超量灌服敌百虫驱除胃肠寄生虫，完全阻塞性便秘时用敌百虫作为泻剂，导泻未成，反而吸收导致中毒。

2. 临床表现与特征

由于有机磷农药的毒性、摄入量、进入途径以及机体的状态不同，中毒的猪临床症状和发展经过亦多种多样。但除少数呈闪电型最急性经过，部分呈隐袭型慢性经过外，大多取急性经过，于吸入、吃进或皮肤沾染后数小时内突然起病，表现如下基本症状：

（1）神经系统症状　病初精神兴奋，狂暴不安，向前猛冲，向后暴退，无目的奔跑，以后高度沉郁，甚而倒地昏睡。瞳孔缩小，严重的几乎成线状。肌肉痉挛是早期的突出症状，一般从眼睑、颜面部肌肉开始，很快扩延到颈部、躯干部乃至全身肌肉，轻则震颤，重则抽搐，往往呈侧弓反张和前弓反张，亦有后弓反张的。四肢肌肉阵挛时，病畜频频踏步（站立状态下）或作游泳样动作（横卧状态下）。头部肌肉阵挛时，可伴有耍舌头（舌频频伸缩）和眼球震颤。

（2）消化系统症状　口腔湿润或流涎，食欲大减或废绝，腹痛不安，肠音高朗连绵，不断排稀水样粪，甚而排粪失禁，有时粪内混有黏液或血液。重症后期，肠音减弱及至消失，并伴发臌胀。

（3）全身症状　首先在胸前、会阴部及阴囊周围发汗，以后全身汗液淋漓。体温多升高，呼吸困难明显，病猪甚至张口呼吸。严重病例心跳急速，脉搏细弱而不感于手，往往伴发肺水肿，有的窒息而死。

3. 病程及预后

轻症病例只表现流涎、肠音增强、局部出汗以及肌肉震颤，经数小时即自愈。重症病例多继发肺水肿或呼吸衰竭，于当天死亡；耐过 24 小时以上的多有痊愈希望，完全康复常需数日之久。

4. 诊断

主要根据接触有机磷农药的病史、胆碱能神经兴奋效应为基础的一系列临床表现，包括流涎、出汗、肌肉痉挛、瞳孔缩小、肠音强盛、排粪稀软、呼吸困难等诊断。进行全血胆碱酯酶活力测定，则更有助于早期确立诊断。

必要时应取可疑饲料或胃内容物作为检样，送交有关单位进行有机磷农药等毒物检验。紧急时可作阿托品治疗性诊断：皮下或肌内注射常用剂量的阿托品，如系有机磷中毒，则在注射后 30 分钟内心率不加快,原心率快者反而减慢,毒蕈碱样症状也有所减轻,否则很快出现口干、瞳孔散大、心率加快等现象。

5. 治疗

急救原则是,首先立即实施特效解毒,然后尽快除去尚未吸收的毒物。

实施特效解毒,应用胆碱酯酶复活剂和乙酰胆碱对抗剂,双管齐下,疗效确实。胆碱酯酶复活剂可使钝化的胆碱酯酶复活,但不能解除毒蕈碱样症状,难以救急;阿托品等乙酰胆碱对抗剂可以解除毒蕈碱样症状,但不会使钝化的胆碱酯酶复活,不能治本。因此,轻度中毒可以任选其一,中度和重度中毒则以两者合用为好,可互补不足,增强疗效,且阿托品用量相应减少,毒副作用得以避免。

胆碱酯酶复合剂常用的有碘解磷定(派姆)、氯解磷定、双解磷、双复磷等。复活剂用得越早,效果越好。否则失活的胆碱酯酶老化,甚难复活。碘解磷毒和氯解磷定用量为10～30毫克/公斤,以生理盐水配成2.5%～5%溶液,缓慢静脉注射,以后每隔2～3小时注射1次,剂量减半,直至症状缓解。双解磷和双复磷的剂量为解磷毒的一半,用法相同。双复磷能通过血脑屏障,对中枢神经中毒症状的缓解效果更好。

乙酰胆碱对抗剂常用的是硫酸阿托品。它能与乙酰胆碱竞争受体,阻断乙酰胆碱的作用。阿托品对解除毒蕈碱样症状效果最佳,消除中枢神经系统症状次之,对呼吸中枢抑制亦有疗效,但不能解除烟碱样症状。再者,阿托品系竞争性对抗剂,必须超量应用,达到阿托品化,方可取得确实疗效。硫酸阿托品的一次用量,猪的剂量为0.5～1毫克/公斤,皮下或肌内注射。重度中毒,以其1/3量混于葡萄糖盐水内缓慢静注,另2/3量作皮下注射或肌内注射。经1～2小时症状未见减轻的,可减量重复应用,直到出现所谓阿托品化状态。

阿托品化的临床标准是口腔干燥、出汗停止、瞳孔散大、心跳加快等。阿托品化之后，应每隔3～4小时皮下或肌内注射一般剂量阿托品，以巩固疗效，直至痊愈。

在实施特效解毒的同时或稍后，采用除去未吸收毒物的措施。

经皮肤沾染中毒的，用5％石灰水、0.5％氢氧化钠液或肥皂水洗刷皮肤；经消化道中毒的，可用2％～3％碳酸氢钠液或食盐水洗胃，并灌服活性炭。

敌百虫中毒不能用碱水洗胃和洗消皮肤，否则敌百虫会转变成毒性更强的敌敌畏。

四、氟乙酰胺中毒

有机氟农药主要有氟乙酰胺、氟乙酸钠和 N-甲基-N-萘基氟乙酸盐，是主要用于杀虫（蚜螨）、灭鼠的一类剧毒农药。氟乙酰胺，又称敌蚜胺，系白色针状结晶，无臭无味，易溶于水，水溶液无色透明，化学性质稳定，对人、畜均有剧毒。其毒性高于内吸磷和对硫磷，只有在动植物组织中活化为氟乙酸时才具有毒性。

1. 病因及发病机理

氟乙酰胺等有机氟农药，可经消化道、呼吸道及皮肤进入动物体内，畜禽中毒往往是因误食（饮）被有机氟化物处理或污染了的植物、种子、饲料、毒饵、饮水所致。

氟乙酰胺在机体内代谢、分解和排泄较慢，可引起蓄积中毒。因氟乙酰胺中毒而死亡的动物，其组织在相当长的时间内仍可使其它动物发生二次中毒。猪吃食被氟乙酰胺毒死的老鼠、家禽尸体或误食毒饵，是发生急性中毒的常见原因。主要病理变化有心肌变性、心内外膜有出血斑点，脑软膜充血、出血，肝、肾瘀血、肿大，卡他性和出血性胃肠炎。

2. 临床表现

氟乙酰胺中毒的临床表现主要在中枢神经系统和循环系统。猪多取急性病程，表现心动过速、共济失调、痉挛、倒地抽搐，数小时内死亡。

3. 诊断

依据接触有机氟杀鼠药的病史、神经兴奋和心律失常为主体的临床症状，即可作出初步诊断。为确定和验证诊断，应测定血液内的柠檬酸含量，并采取可疑的饲料、饮水、呕吐物、胃内容物、肝脏或血液，做羟肟酸反应或薄层层析，以证实氟乙酰胺的存在。

4. 治疗

首先应用特效解毒药，立即肌内注射解氟灵（乙酰胺）。剂量为每日每公斤体重0.1～0.3克。以0.5%普鲁卡因液稀释，分2～4次注射。首次为日注射量的一半，连续用药3～7天。其解毒机理是乙酰胺进入机体分解为乙酸，与氟乙酰胺竞争酰胺酶，使氟乙酰胺不能脱氨基产生氟乙酸，从而限制氟柠檬酸的继续生成。

在没有解氟灵的情况下，亦可用乙二醇乙酸酯（醋精）100毫升溶于500毫升水中饮服或灌服；或5%酒精和5%醋酸（剂量为各2毫升/公斤）内服，同时施行催吐、洗胃、导泻等中毒的一般急救措施，并用镇静剂、强心剂、山梗菜碱等作对症治疗。

第四章

猪的产科病防治技术

第一节 不育

一、母猪断奶后乏情

在生猪生产过程中,母猪断奶后乏情很普遍,尤其是在饲养管理不当的猪场。通常是由于环境、营养、疾病等多种因素的共同影响,造成母猪乏情,发病比例甚至超过30%。轻者会导致母猪长时间空怀,从而降低母猪的生产性能。

1. 病因

(1)环境因素 断奶母猪乏情的原因有多种。就目前来看,我国大多数大型猪场饲养的母猪主要依靠引进,品种主要是二元、三元等杂交品种,这些品种对外界条件比较敏感,对环境的适应性也比较弱,特别是在高温和低温之间。此外,母猪对环境的温度也有很强的需求,如果不能达到最佳生长温度,就会导致雌性激素的分泌出现异常,或者完全不能产生性激素。如果是比较严重的情况,还会影响生殖器的正常功能,进而影响卵泡的发育,及母猪的正常发情。

(2)营养因素 造成断奶母猪乏情最重要的原因是营养因子不足,约占断奶母猪乏情的40%左右。在母猪哺乳期间的喂养过程中,由于缺乏蛋白质、矿物质、微量元素、无机盐、能量等的供应，会导致母猪在断奶时自身的体重大幅度降低，进而导致了断奶后的乏情。另外，由于仔猪喂乳不足，导致母猪泌乳少，又会引起母猪体重超标，进而导致断奶母猪乏情的情况。在分娩过程中，微量元素、维生素和矿物质等营养成分缺乏，也会引起断奶母猪乏情。这些营养成分在断奶母猪体内长期缺乏，会造成母猪情趣低落、生殖器官功能紊乱，从而出现断奶母猪乏情问题。

（3）疾病因素　多数断奶母猪在分娩过程中出现消化、循环、呼吸和神经系统等常见疾患，较为严重的还会造成乙型脑炎、蓝耳病等传染性疾病，在断奶母猪发病初期、治疗过程中以及病后恢复期间，都是导致母猪乏情的主要原因。

（4）管理因素

① 后备母猪过早配种：瘦肉型良种后备母猪一般在 6 月龄就开始了它的第一次发情，这时其身体的繁殖功能已经到了正常的状态，但是身体的成熟度却只有 50% 左右。如果太早进行交配，不仅会导致第一次出生的猪群数目降低，而且出生猪群的重量和存活率也会降低，还会对母猪的身体发育产生很大的影响。

② 赤霉烯酮毒素超标：在饲料中添加了赤霉烯酮毒素，这是一种剧毒物质，具有很强的雌激素活性，对母猪卵巢及输卵管的发育有较强的抑制作用，可引起母猪内分泌紊乱、卵巢和子宫萎缩，严重时造成母猪不发情、假发情或屡配不孕。

③ 生殖器官异常：母猪在妊娠期内，生殖器官的发育受内分泌、遗传、营养、环境等多方面的影响。断奶后母猪不发情，大多数是由于生殖器官异常引起的。卵巢发育异常可分为先天性和后天性两类。首先，先天性卵巢发育不全，表现为卵泡和黄体萎缩、母猪后期流产、产后无乳、发情停止等；其次，后天性卵巢发育不全表现为卵泡增大、黄体萎缩、经产母猪不发情等。子宫发育异常表现为母猪外阴部肿胀、阴唇粘连或变形、子宫颈水肿；母猪假发情主要是子宫颈水肿引起的。母猪假发情一般多发生在怀孕后期，表现为发情母猪不排卵或排卵少、受精失败或死胎等。

④ 饲喂管理不当：仔猪断奶后，母猪的泌乳能力降低，母猪日粮营养不足或搭配不当，会造成母猪的体质虚弱，体内各种营养成分不能满足其生长发育需要，致使不发情或发情迟、排卵少。配种前 1~2 天和配种当天采食过多的饲料，会影响发情时间，甚至造成母猪发生流产。妊娠后期由于采食量过大，造成子宫收缩不良，影响卵泡的正常发育而发生乏情。饲喂劣质饲料会引起母猪断奶后发情延迟、不发情或返情等现象发生。天气寒冷时，圈舍内温度低，猪群拥挤、采食和运动不足等都会影响母猪的发情和排卵。

2. 防制措施

（1）做好生物安全措施　对后备母猪要提前进行免疫，尽量在母猪配种前完成疫苗接种。后备母猪的免疫程序为：一胎猪第 1 次注射 2~3 毫升猪瘟疫苗，间隔 10 天再注射 1 次蓝耳疫苗；二胎猪每隔 7 天注射 1 次猪瘟疫苗；三胎猪每隔 10 天注射 1 次蓝耳疫苗；四胎猪每隔 10 天注射 1 次猪瘟疫苗。

做好疾病的预防工作，定期进行猪群体检，发现猪只出现异常时及时隔离治疗，以免出现更大的损失。

提高饲养管理水平，在饲喂方面要保证充足的营养，使母猪多吃多排。在母猪配种前一周要尽量少喂料，以减少便秘和呕吐。同时在饲料中添加一些促情的药物。当母猪出现乏情时，要及时进行治疗，可采用中药疗法，如用益母草、当归、川芎、桃仁等进行治疗。

（2）合理配置饲料营养　日粮营养水平要适宜，尤其是能量和蛋白质的水平要适当提高，防止母猪过度肥胖和消瘦。根据母猪的不同生理阶段进行营养调控，给母猪提供优质、易消化的饲料，减少因饲料导致母猪生殖系统疾病的发生。此外，饲料中添加维生素E、维生素 C 和硒等营养物质，可提高母猪的繁殖力。

（3）适时引诱母猪发情　适时引诱母猪发情，是指在母猪断奶后到下一个配种期的这段时间，用人工方法刺激母猪发情。具体方法是从母猪断奶后第 2 天开始，每天或隔天向母猪饮水中添加 20

毫克葡萄糖（也可加入 5 毫升维生素 E），连续饲喂 7 天，然后再在 7 天内每天加喂 1 次，连续喂 3～4 天，使母猪产生食欲，并达到性成熟。在此期间的母猪要特别注意观察，发现其行为表现异常时就要及时进行处理。一般情况下，母猪在配种前 7 天左右进入发情期。

（4）及时淘汰乏情母猪　随着生产水平的提高，母猪的饲养密度越来越大，猪群之间的交叉感染风险也随之增大，如果母猪断奶后 2 周内不发情或发情不明显，则应及时淘汰，避免引起其它猪只发病。对于断奶后正常发情的母猪，可以在配种后 2～3 周内采取人工诱导发情的方法。若母猪不发情或发情不明显，则需要考虑其它方面的原因，如环境、饲料、疾病等，及时淘汰。对于连续 3 次以上不发情或发情不明显的母猪，应及时淘汰。

（5）药物治疗方法　根据断奶母猪乏情的病因，主要采取对症治疗、改善饲料营养水平、加强饲养管理、调整猪舍环境等措施，缓解断奶母猪乏情症状，提高断奶母猪的受胎率和产仔数。经产母猪断奶后 5～7 天或许久不发情，可在配种前进行肌内注射氯前列烯醇（$PGF_2\alpha$）2 支，剂量 0.2 毫克，一般注射 3～5 天后发情。后备母猪 8 月龄以上不发情的，可肌内注射氯前列烯醇 0.2 毫克，一般在注射 3～4 天以后会发情。

（6）激素疗法　激素疗法是治疗断奶母猪乏情的最有效方法，也是目前采用最广泛的一种方法。激素具体包括两类：一是外源性激素，包括促性腺激素释放激素（GnRH）、促黄体素释放激素（LHRH）和促卵泡激素（FSH）等；二是内源性激素，即雌激素、孕激素等。外源性激素可以用来诱导断奶母猪发情，但在使用外源性激素时应注意药物的副作用，如使用雌激素时要避免过量；孕激素要注意剂量不要过大，否则可能会导致胎儿畸形等不良后果。

二、子宫内膜炎

母猪子宫内膜炎是生产中的常见病，是子宫黏膜的黏液性或化脓性炎症。它主要是由一些非特异性病原菌如链球菌、葡萄球菌、大肠杆菌、铜绿假单胞菌、嗜血杆菌、结核分枝杆菌、布鲁菌和沙门菌等引发的母猪生殖系统疾病，也是母猪不育的主要原因之一。在猪繁殖障碍中，子宫内膜炎占的比例最大，约占淘汰猪的20%，严重威胁养猪生产。

1. 病因

（1）细菌性感染　60%的母猪子宫内膜炎由细菌引起。能引起母猪出现子宫内膜炎的致病菌有大肠杆菌、链球菌、沙门菌、念珠菌及铜绿假单胞菌等，其中大肠杆菌的致病性最强、致病率最高。细菌通过生殖道黏膜直接感染。若母猪配种、流产、分娩后生殖道出现创伤，感染概率会显著上升。母猪在分娩过程中，当出现难产或抗病性下降时，外界环境中的致病菌会入侵，导致母猪患病。种公猪与母猪交配期间，若其患有相关疾病，也会导致母猪出现子宫内膜炎。

（2）继发感染　继发感染是指母猪的腹腔内部其它组织器官出现炎症（例如肠炎、腹膜炎等），发病严重后蔓延至子宫内部，造成子宫内膜炎。当母猪出现感染滴虫病、病毒性腹泻、猪瘟等疫病时，常常会继发子宫内膜炎。

（3）管理方式不当

① 饲养环境差。在母猪养殖期间，当养殖场内的环境存在着脏乱差、通风条件差等现象，环境中致病菌浓度高，母猪长时间生活在被污染的环境中，极易引发子宫内膜炎。同时，养殖户进行母猪饲喂期间，未能依照母猪的营养需求科学供应饲料种类，饲料的配比失衡，母猪营养摄入不均衡，极易出现抗病性下降，也会发生感染子宫内膜炎的现象。

② 工具消毒不彻底。当对母猪进行人工授精或种公猪直接配种期间，未对人工授精工具进行消毒，或未对种公猪的生殖器进行检查，导致带病毒的工具或患病种公猪与母猪接触造成感染。技术人员在辅助分娩期间，未能严格依照操作流程对分娩器或助产器进

行消毒，也会导致母猪患病。

③ 产后护理不当。母猪在生产后，当出现胎衣剥脱、恶露淋漓不尽、死胎未完全排出等情况，会导致其阴道黏膜出现腐烂、阴道黏膜脱落、子宫内膜深层脱垂等不良现象，从而导致母猪出现急性子宫内膜炎。

2. 临床表现与特征

临床症状大体可分为急性子宫内膜炎、慢性子宫内膜炎和隐性子宫内膜炎三类，其中以慢性子宫内膜炎最常见。

（1）急性型　该型多发于母猪产后或流产后，病猪精神不振、食欲减退或不食、体温升高（40.5～41.5℃）、卧地、心跳呼吸加快、鼻镜干燥。时见母猪做努责排尿动作，并且从阴门内不时流出带有臭味的红褐色、灰黄色或灰白色黏液或脓性分泌物，有时分泌物中夹有胎衣碎片，母猪卧下时可流出更多分泌物。母猪泌乳量减少，不愿哺乳仔猪。若不及时治疗，则很容易转为慢性子宫内膜炎，病情严重的病例会因发生母猪产后败血症而死亡。

（2）慢性型　该型较为多见，常由急性型转变而来。患病猪全身症状不明显，采食和饮水相对较正常。卧地时，母猪尾根、阴门周围有恶臭味的脓性黏稠分泌物流出，颜色常为淡灰色、黄色、白色等，干燥后形成薄痂，但当母猪站立时则不见黏液流出。哺乳母猪拒绝给仔猪哺乳，或泌乳量减少、无乳。仔猪断奶后母猪采食、体温及活动等均表现正常，但在发情时，尤其是人工授精或配种后时常排出大量白色或灰白色黏稠状的脓性分泌物。

① 慢性卡他型。母猪全身症状明显，体温时有升高，食欲及泌乳量也不稳定，发情不规律，有时发情正常，但屡配不孕。清洗子宫时，会有略浑浊黏液从母猪阴门流出。

② 慢性卡他化脓型。母猪全身有轻度反应，采食量下降，并且逐渐消瘦。发情周期不规律，从阴门流出黄褐色或灰色稀薄脓液，其尾根和阴门时常带有黏液形成的干痂。

③ 慢性化脓型。从患病猪阴门时常排出脓性分泌物，躺卧时

排出的分泌物较多,有恶臭味,呈灰色、黄褐色或灰白色不等。阴门周围皮肤及尾根上黏附有脓性分泌物,风干后形成薄痂。

(3)隐性子宫内膜炎。从表面上看,病猪一般无明显的症状,精神和食欲时好时差,且能发情,但母猪每次发情均不正常,无规律,而且交配时多数母猪发出鸣叫声,不愿接受配种,屡配不孕,清洗子宫时流出少量浑浊的液体。

3.治疗

(1)西药治疗

① 急性子宫内膜炎可用大剂量抗生素治疗,如体温高时,左氧氟沙星0.5克一次肌内注射,每天1次,连用3天;体温不高时用阿莫西林3克+左氧氟沙星500毫克+甲硝唑1克,生理盐水40~50毫升,子宫内一次注入(若子宫颈口不开时,可先注5~10毫克雌二醇),连用3次,下一情期再配种。

② 慢性子宫内膜炎可于母猪发情前5天,肌内注射PGF_2 5毫克或氟前列烯醇0.2毫克,同时注射苯甲酸雌二醇10毫克,使子宫内容物在24小时内排出。注射后2~3天,注射催产素30单位,停4小时再用阿莫西林3克+左氧氟沙星500毫克,生理盐水50毫升稀释后子宫注入,停2~3天再各注入一次为一疗程,多数一个疗程可以治愈。下一情期发情可配种,若仍不受孕,考虑淘汰。

(2)中药治疗

① 急性子宫内膜炎,治疗以清热解毒、活血化瘀为主。方用当归10克、川芎5克、赤芍10克、金银花10克、黄柏10克、蒲公英10克、车前子10克、党参5克、黄芪5克、甘草5克,煎汁内服,也可用八层纱布过滤两次后,子宫内灌注,3剂为一疗程。

② 慢性子宫内膜炎,治疗以补肾、养血、助阳为主。方用当归10克、熟地5克、肉苁蓉10克、淫羊藿10克、白芍5克、艾叶10克、益母草10克、甘草5克,一次煎服,3剂为一疗程。

4.预防

(1)接产时严格消毒,以防止子宫感染。

(2) 缩短分娩时间,一般不可超过 3 小时。

(3) 子宫内膜炎的最有效预防方法是前列腺素预防法,即分娩后 36 小时内肌内注射 PGF_2 5 毫克或前列烯醇 0.1 毫克。PGF_2(或前列烯醇)不仅能使黄体迅速退行、子宫快速复旧,而且能增进子宫免疫细胞的噬菌作用,提高子宫抗感染力。

第二节 母猪妊娠期及产前产后疾病

在整个妊娠期,若母体能提供胎儿生长发育必需的营养及正常环境,且母体、胎儿及它们和外界生活条件之间能保持相对平衡,怀孕过程就能正常发展下去。否则,怀孕就转化为病理过程,出现妊娠中断。临近分娩,往往出现因胎儿压迫胃肠,引起消化不良,甚至出现临产便秘。分娩消耗母猪大量气血,产后体质虚弱,很易引起产褥感染。因此,产前、产后是母猪发病最多的时期。

一、假妊娠

母猪假妊娠是一种综合病症,指母猪在发情配种后未出现明显返情症状,呈现受孕状态。伴随时间推移,母猪产生一系列类似正常妊娠的症状。妊娠期满临产时,虽出现分娩的症状,但没有产出仔猪。母猪假妊娠不仅长期消耗了饲料,而且也影响繁殖计划,给养猪场(户)造成损失。猪产科临床上,假妊娠为常发病。

1. 病因

不同品种、年龄胎次的母猪均可发生假妊娠。造成本病发生的原因归纳起来有以下几点:

(1) 母猪发情经自然交配或人工授精后未受孕,但其卵巢上所形成的黄体并未发生退化,而是不断地分泌孕酮,继而产生一系列同正常妊娠类似的症状。

(2) 倘若母猪哺乳带仔的时间较长,将大量消耗机体贮备的营养,导致母猪机体瘦弱,严重掉膘,甚至产生哺乳瘫痪,造成母猪机体激素分泌调节机能紊乱,从而出现类似妊娠的表现。

(3)养猪场(户)长期给母猪饲喂单一饲料,饲料营养不均衡,母猪自身维生素及微量元素缺乏,尤其是维生素E严重缺乏,造成母猪机体营养不良、内分泌紊乱,引起本病的发生。

(4)生殖器官疾病,造成母猪内分泌紊乱,致使发情母猪的卵巢排卵后所形成的性周期黄体不能按时(通常2周左右)消失。由于孕酮继续分泌,抑制了垂体前叶分泌促滤泡成熟素,滤泡发育停滞,母猪发情周期延缓或停止。在孕酮作用下,母猪子宫内膜明显增生、肥厚,腺体的深度与扭曲度增加,子宫收缩减弱,乳腺小叶发育,部分母猪还能分泌出少量稀薄乳汁。此外,母猪体内寄生虫侵袭生殖系统或养猪场(户)误用、滥用激素类药物催情造成母猪内分泌紊乱,均可引发本病。

2. 临床表现与特征

患病母猪发情表现似正常,经自然交配或人工授精后,伴随时间的推移,母猪开始出现同正常妊娠类似症状,行动缓慢、膘情逐步恢复,且腹部稍有增大,乳房也逐渐膨大,然而并不显著。病猪分娩前,一些病例会衔草做窝,走动不安,排泄次数逐渐增多,阴户肿胀明显,却没有流出黏液;母猪乳房即便是膨胀明显,能够挤出乳汁,但乳汁量很少并且乳液稀薄;母猪分娩时,虽呈现出显著的分娩症状,有阵缩表现,但经过短时阵缩后,并没有看到有羊水流出,相反腹部和乳房骤然缩小,最终也没有产出仔猪。

3. 预防

(1)母猪妊娠的前5周要单圈喂养,以防打斗应激。

(2)配种前4小时,阿莫西林4克+氧氟沙星1克用生理盐水30~40毫升稀释后,一次注入子宫内,以治愈轻度子宫内膜炎,停4小时再输精或交配。

(3)夏季注意母猪舍降温。胚胎附植期对温度敏感,环境温度短时间(24小时)内高达32~35℃时,就能引起胚胎死亡。

(4)确保对妊娠母猪全价饲养,特别是保证维生素、微量元素的营养。严禁饲喂霉败饲料。

（5）怀孕 7～25 天，注射孕酮 30 毫克，促进子宫肌和子宫腺发育，以防胚胎早期吸收。

4. 治疗

（1）B 超诊断为假妊娠后，首先用前列腺素 $F_2α$ 5 毫克或氟前列烯醇 0.2 毫克肌内注射，使黄体退掉，解除对发情的抑制。注射后 5～7 天见发情，即可配种。

（2）若仍不发情，可再注射孕马血清 1000 单位＋绒毛膜促性腺激素 750 单位，5～7 天见发情即可配种。

（3）中药　催情散每天每头 100 克（淫羊藿 6 克、阳起石 6 克、当归 4 克、香附子 5 克、益母草 6 克、菟丝子 5 克），连用 5～7 天，发情即可配种。

二、流产

母猪流产是母猪生产过程中的一种常见产科疾病，常指在各种内外环境因素的作用下，引起母体与胎儿之间孕育关系被破坏，造成妊娠中断的疾病。本病不仅会导致胎儿夭折或发育不良，还会降低母猪生产性能。母猪是养殖场繁殖的基础，提高母猪繁殖效率可以为养殖场创造更大的经济效益。

1. 病因

（1）遗传因素　遗传因素包括染色体畸变、子宫及输卵管畸形、先天发育不全等。胚胎死亡与染色体的畸变有密切的关系，非同源染色体之间的交互易位，会使早期胚胎损失或降低胚胎的生存力，导致遗传缺陷等。母猪先天性发育不全、子宫及输卵管畸形等易导致胚胎着床失败或胎儿发育受阻，引发流产。

（2）传染性疾病因素　传染性疾病因素包括病毒病、细菌病、寄生虫病、衣原体感染等传染性疾病。总体来看，传染性因素是引起母猪流产的主要原因，其中又以病毒性因素为主。引起母猪流产的致病菌主要有布氏杆菌、李氏杆菌等，寄生虫主要有弓形体、钩端螺旋体等。

(3) 非传染性疾病因素 非传染性疾病因素包括母猪子宫内膜炎、子宫内膜变形、宫颈炎、阴道炎等。子宫内膜炎是一种常见的母猪生殖系统疾病，可以导致母猪异常发情、反复不孕或流产。

(4) 其它因素 包括生理性因素、饲养管理因素、药物因素和环境因素。生理性因素包括母猪年龄、品种、体重等。纯种系比杂交系每窝有更多的死胎，引起流产的概率也越高。饲养管理因素主要包括饲料营养缺乏、野蛮驱打等。配种后频繁调栏、暴力赶猪、长途颠簸运输等不当饲养管理，易引起母猪流产。药物因素主要包括利尿药、驱虫药、泻下药、激素药等，容易刺激子宫平滑肌收缩引起流产。环境因素主要是温度、空气、通风、光照、噪声等。猪是短日繁殖动物，光照是影响母猪繁殖性能的重要因素。

2. 防制措施

(1) 加强选种选育 加强选种育种评估，定期补充或更换公猪血缘，避免近亲衰退。合理保持母猪胎龄结构。研究报道，胎次大于5的母猪比2~5胎次母猪流产风险更高。养殖场结合实际对6~8胎以上和乏情、子宫内膜炎、肢蹄病等母猪进行淘汰，做好后备母猪及母猪的管理工作。

(2) 加强疫病防控 制定合理免疫程序，做好疫苗选择和免疫记录，规范注射疫苗，开展效果监测，优化免疫程序，降低猪免疫应激和疫苗成本。

(3) 加强饲养管理 前期做好母猪发情判断，选择合宜配种时间，遵守操作规程。加强妊娠母猪的饲养管理，增加营养水平，保证胎儿正常发育。妊娠后期适当降低营养水平，保持母猪和胎儿良好体型。做好日常带猪消毒，减少疾病流行。夏季注意降温，冬季加强保暖，定期驱虫。

三、母猪便秘

便秘是母猪饲养时常见的一类疾病。临床上便秘母猪的主要表现为消化机能和吸收机能紊乱、不愿进食、排便困难、排干硬粪球等，有的可引发难产、产后无乳、产下弱胎，对母猪及仔猪的危害性较大。如何有效防治母猪便秘成为行业工作者及养殖户考虑的关键问题。

1. 病因

（1）胎儿因素　母猪妊娠期是便秘高发期，这与腹中胎儿密切相关。尤其是妊娠中后期，母猪腹中胎儿快速发育，会对母猪胃肠道造成一定的挤压，胃肠道蠕动缓慢，大量粪便滞留在母猪的直肠内，水分被大量吸收，粪便变得干硬，此时就会导致母猪出现便秘。相比较而言，产仔数量多、肥胖、仔猪体重大的情况下母猪便秘概率明显升高。

（2）营养因素　母猪饲养时，若营养过于丰富，会导致血浆孕酮水平下降，此时肠道蠕动缓慢，排便时间延长。孕酮水平低的母猪，极易流产。此时为避免流产，需减少饲喂量，但会加剧母猪胃肠蠕动缓慢的现象，食物残渣无法及时排出。随着大肠内滞留的食物残渣数量增加及时间的延长，水分被大肠吸收，进而导致母猪出现便秘的现象。

（3）激素因素　处于妊娠后期至分娩前的母猪，其孕酮、雌激素、前列腺激素均处于快速变化的状态。此时若母猪经受刺激，如驱赶、换栏、降温等，会导致母猪的植物神经功能出现紊乱，内分泌失调，最终对消化系统造成影响，增加母猪产前或产后便秘等疾病的发病率。

（4）应激因素　应激因素是导致母猪便秘的常见因素之一。常见的不良应激有冷应激、热应激、换料应激、运输应激、噪声惊吓应激等。遭遇不良应激的母猪，交感神经异常兴奋，同时抑制副交感神经，胃肠道蠕动速度变得缓慢，消化液分泌不足，胃肠道功能紊乱异常，增加母猪便秘的发病率。

（5）药物因素　母猪肠道内有大量益生菌，其中有99%为厌氧菌，其它为需氧菌、兼性厌氧菌等。厌氧菌在肠道中发挥着重要作用。但部分养殖人员存在滥用兽药的现象，尤其是抗生素类药物的盲目使用，对母猪肠道有益菌造成了破坏，打破了菌群平衡，无法实现对肠道内容物的有效分解，增加便秘的可能性。同时，若饲料中长期添加金霉素等抗菌药物、磺胺类药物，亦可引发药物性便秘。

（6）饮水因素　水是母猪维持正常新陈代谢的必需品。在不同的季节母猪的需水量存在着明显的差异，春季和秋季对水的需求量约占体重的16%，夏季约占23%，冬季约占10%。可以看出，夏季是母猪需水高峰期，此时若饮水供应不足，水流量过小，导致母猪体内水分快速蒸发，增加粪便干燥程度，最终导致母猪出现便秘的现象。

（7）运动因素　母猪饲养时，保持适当的运动非常重要。尤其是长期舍饲养殖的母猪，往往运动量不足，心肺功能下降，胃肠道对食物的消化和吸收能力降低，此时母猪肠道蠕动速度缓慢，肠内容物干燥发硬，母猪无法将其排出，最终造成便秘。

（8）饲料因素　母猪饲养时，饲料质量会对机体健康产生一定的影响。若饲料中粗纤维含量和精饲料比例过高、饲料过细、优质粗纤维含量不足、饲料出现发霉变质、使用自配料且饲料配比不合理，导致母猪胃肠道蠕动减弱，不仅会增加母猪便秘的可能性，而且会危及母猪生命安全。

（9）疾病因素　母猪养殖时，若患有其它疾病，亦可导致母猪出现不同程度的便秘。如猪瘟、猪肺疫、乙脑、链球菌病、蓝耳病、肠结核以及肠道蠕虫病、弓形虫病等，均会对母猪排便产生一定的影响，增加便秘的可能性。

2. 便秘危害与临床表现

（1）母猪便秘轻者会造成食欲缺乏、营养摄入不足，易产弱仔或出现产后少乳、无乳等，重者会造成消化吸收功能紊乱和精神异常，严重的甚至会导致死亡。

（2）粪便发酵产生的热量会使直肠温度升高，进而造成母猪体温升高。因排便困难,母猪常做排粪动作,易引起脱肛。

(3) 粪便在肠内残留时间长,有害细菌大量繁殖,增加了母猪被感染的可能性。

(4) 粪便发酵产生的毒素被吸收能损害母体的脏器,引起各种炎症,如子宫炎等,还会加剧母猪的乳房水肿,严重的会引起乳腺炎。乳腺炎及产生的毒素都会引起仔猪下痢。

(5) 便秘会造成母猪厌食,进而引起母猪分娩无力,充满粪便的直肠压迫产道,两者都会引起母猪难产、产死胎或流产。

(6) 便秘会引起母猪精神沉郁或暴躁,母猪坐立不安,容易压死、咬死和夹死仔猪。

(7) 便秘会引起母猪营养不良,进而影响仔猪生长发育。

3. 预防

(1) 饲料营养要全价 蛋白质、维生素、微量元素(锌、铜、锰、铁、碘、硒)、常量元素(钙、磷、钠、钾)要满足母体需要,特别是微量元素硒。

(2) 饲料不可霉变 特别要注意玉米一定不能发霉。

(3) 增加料中粗纤维含量 孕猪饲料中麸皮可加至30%,高粗纤维日粮可使肠蠕动增强40%。

(4) 孕猪多喂青绿多汁饲料 如青草、蔬菜,妊娠前期母猪一天1~1.5千克/头,妊娠后期母猪1.5~2千克/头,使猪粪便显铁青色。

(5) 检查饮水量 供给充足清洁饮水,最好自由饮水。

(6) 母猪除配种后的3周和产前2周保持安静外,整个妊娠中期(20~100天)让母猪适当运动和晒太阳,以增强体力,促进肠蠕动。

(7) 加强环境调控 高温、高湿、寒冷对母猪都有很强的应激,会产生较大副作用,特别是高温、高湿,常引发便秘。

(8) 饲料中添加泻剂硫酸镁15克/(头·天)。硫酸镁优于硫酸钠,因镁离子能镇静,有抗应激作用,而钠离子过多影响猪体内电解质平衡,造成电解质紊乱。

(9)妊娠后期料中可添加"中元败毒威",以 0.5％比例饲喂 6~7 天。中医有"产前不宜热"之说,中元败毒威(主要成分为黄连、穿心莲、仙人掌、大黄、黄芪等)清热解毒、降火、导热下行,是理想的抗菌、抗毒、保健和便秘预防剂。

4. 治疗

(1)饲料中加喂泻剂 在母猪饲料中添加硫酸镁 3 千克/吨,可缓解母猪便秘。

(2)对因便秘造成不食的母猪,除停喂精料,喂给青绿饲料外,可用一些调节消化系功能的药物,如复合维生素 B 等。

(3)饲料中加植物油 100 克/(头·天),一方面可机械地润肠通便,另一方面植物油降解物脂肪酸有增加肠蠕动的功能。

(4)中药

治则:扶正固本、益气养阴、泻热导滞、润肠通便。

方药:党参 15 克,当归 10 克,芒硝 10 克,麻仁 10 克,白术 5 克,茯苓 5 克,大黄 5 克,炙甘草 5 克,升麻 5 克。每天 1 次,内服,连用 3 天。

四、分娩延后

母猪到了预产期不启动分娩,称为分娩延后。在猪业生产中分娩延后现象出现得越来越多,成了大中型猪场常见疾病之一,给猪场造成了一定经济损失。

1. 病因

产前四周是胎儿快速生长时期,2/3 的体重在此期形成。此期母猪饲养管理不到位、饲料营养不平衡、消化吸收不良、饲料霉变及妊娠后期便秘等,引起胎儿发育不良、胎衣变薄、羊水减少。特别是减少的羊水使子宫张力和对子宫颈的压力下降,是母猪不能启动分娩的重要原因之一。

2. 临床表现

110 天胎儿发育已成熟,母猪提前一两天生产,分娩都比较顺利，所生仔猪活力强、健壮。

启动分娩，胎儿起主要作用，所以若到了预产期不见分娩，说明胎儿活力可能弱。对这样的母猪须高度关注，定时观察胎动情况，必要时即时启动人工分娩。

若推后 5～6 天才分娩，往往因胎盘老化、供血不足，导致死胎、弱仔增多。若推迟 6 天以上，甚至十多天，此时胎儿多全部死于腹中，已不能正常启动分娩，必须用药物启动。

3. 处理

一旦发生分娩延后超出 5 天，应立即采取引产措施，再延迟则胎儿会全部死亡，且胎儿在子宫内易引起腐败自溶，导致严重的子宫炎，致使母猪被淘汰。

4. 治疗

（1）给母猪肌内注射氟（或氯）前列烯醇 0.2 毫克，启动分娩，再注射雌激素如已烯雌酚 10 毫克，以防胎衣不下。

（2）待出现分娩先兆，再肌内注射缩宫素（催产素）60 单位收缩子宫，促进胎儿排出。

（3）分娩后，用益母生化散 60～100 克/（头·天），连服 3 天，消肿止痛，清除子宫中恶露。

（4）分娩后子宫内输入宫炎康 100 毫升。

（5）阿莫西林 3 克、鱼腥草 40 毫升，一次肌内注射，每天 1 次，连用 3 天。

五、产褥热

母猪产褥热也称为母猪产后高热，是指母猪在生产过程中或者产后，胎儿排出或者进行助产时，由于损伤产道软组织或者恶露排出缓慢导致感染病菌而引起。病猪的主要特征是高热、食欲不振，且由于泌乳能力减弱且乳汁温度较高，对后代仔猪的存活及生长发育产生影响，给养猪业造成较大的经济损失。

1. 病因

（1）饲养管理不当　种母猪质量较差，后备母猪饲养管理不当，饲料搭配不合理，尤其是饲料中长时间缺乏某些微量元素及维生素等，都会在一定程度上导致母猪生产性能及免疫力受到影响。母猪妊娠期饲养管理不合理，尤其是气候炎热的天气没有加强防暑降温，导致母猪产后只要发生热应激，就非常容易发生该病。

（2）生产中发生损伤　母猪产仔过程中，如果阴道、子宫发生损伤，会导致局部出现炎症反应，再加上生殖系统黏膜发生损害，同时体力大量消耗，容易感染致病菌。

（3）消毒不严　母猪分娩过程中，产房没有采取任何消毒措施，或者助产员在对难产母猪进行助产时没有提前对手臂进行消毒就直接取胎儿，母猪也容易感染或者带入致病菌，从而引起发病。

2. 临床表现与特征

体温41℃左右，高热稽留，四肢末端及耳鼻发凉，皮肤发红，眼结膜充血发红，呼吸迫促，精神沉郁，泌乳减少或停止。食欲缺乏或废绝，便秘，有时见寒战，从阴门排出恶臭炎性分泌物，有时见仔猪下痢。

3. 预防

（1）加强母猪饲养管理，后期更要注意营养需全面，适当搭配青饲料，控制食量，加强运动。母猪分娩前最初几天喂一些轻泻性饲料，减轻母猪消化道的负担。

（2）分娩前做好产房的清洁消毒工作。产床、产圈要严格消毒，垫草要经过日光照射或消毒后使用。

（3）注意保持圈舍适宜的温度和湿度，防止贼风侵入。

（4）准备好常用的消毒、消炎、抗生素药品。助产及术者要严格遵守无菌操作，修短指甲，清洗手臂，消毒和涂抹液体石蜡油，避免损伤子宫，保证阴道无创伤，以免发生感染。

（5）在分娩前用千分之一的高锰酸钾溶液擦洗腹部、乳房及外阴，再从每个乳头中挤出前几滴奶水。

（6）产后3天内饲料要清淡，3天后再逐渐饲喂全价料，增加营养。避免因营养不良引起的瘫痪。

(7) 在母猪产仔结束后，根据体重，肌内注射青霉素 160 万单位×（8～10）支，再加 20 毫升安痛定，2 次/天，连打 2 天，如果体温有点高，再加 10 毫升安乃近，保护率高达 97%。

4. 治疗

(1) 阿莫西林 4 克、阿米卡星 4 克，一次肌内注射，每天两次，连用 3 天。

(2) 病重且有自体中毒症状时，用左氧氟沙星 1 克、0.05% 氢化可的松 20 毫克、等渗葡萄糖 500 毫升，一次静脉注射，每天 1 次，连用 3 天。

(3) 子宫有炎症时可用阿莫西林 3 克＋左氧氟沙星 500 毫克＋甲硝唑 1 克，生理盐水 40 毫升，子宫内灌注。每天 1 次，连用 3～4 次。

(4) 中药　当归 25 克、川芎 24 克、益母草 30 克、桃仁 15 克、败酱草 25 克、连翘 30 克、金银花 25 克、栀子 30 克、黄芩 30 克、马鞭草 50 克，煎汤，候温灌服，每天 1 剂，连用两剂。

六、胎衣滞留

母猪分娩后，两子宫角内的两块大胎衣一般在 1 小时内排出，3～4 小时及以上不排出即为病理状态，称为胎衣滞留，也叫胎衣不下。

1. 病因

(1) 母猪过度肥胖、运动不足或分娩持续时间过长，子宫过于疲劳，产后子宫收缩无力。

(2) 怀孕期间饲料单纯，矿物质（Ca）、微量元素（Se）、维生素（维生素 A、维生素 E、β-胡萝卜素）不足，引起胎盘轻度变性粘连。

(3) 怀孕期间子宫受到感染，如布氏杆菌、弓形虫、病毒感染等，引起轻度胎盘炎，使胎儿胎盘与母体胎盘出现粘连。

2. 临床症状

猪多为部分胎衣滞留，表现不安，体温升高，泌乳、食欲减少,喜饮水,从阴门排出红色液体,内含胎衣碎片。仔猪吮乳时若无乳,母猪有疼痛感,所以哺乳时常见母猪突然起立跑开。一般多预后良好,但因泌乳减少,小猪多见发育不良,严重时继发子宫内膜炎,影响受孕。

3. 治疗

(1) 西药　西药治疗母猪胎衣不下是目前猪养殖过程中常见的方式,效果也较为明显。首先,在母猪生产2小时左右胎衣不下时,可通过注射麦角浸膏的方式促进母猪胎衣脱落,注射量为2毫升/头。当5小时左右胎衣不下时,应注射麦角浸膏2毫升/头再加上10%的氯化钙注射液20毫升/头,从而达到刺激子宫收缩、胎衣排出的目的。若子宫受到损伤时,可通过连续注射7天雷佛奴尔液的方式进行治疗。而由于胎衣不下造成的胎衣在子宫内发生腐败分解,可以通过向子宫注射抗生素的方式,避免在母猪体内产生毒素,从而降低母猪胎衣不下造成的不利影响。

(2) 中药　中医治疗与西医治疗相比,具有降低药物残留的优点,中药不含有抗生素,不会对母猪造成负面影响。使用中药治疗,主要是遵循消肿导积、祛湿止带的原则,从而达到补气益血的效果。取益母草、当归各60克,黄芪、党参、川芎、生薄荷各30克,五灵脂45克,将上述药材一同研磨成粉末,添加适量开水给母猪冲服。每天2次,连续服用3天,可以达到治疗的效果。若服用后治疗效果不佳,可适当延长药物服用的时间,达到有效治疗的效果。与此同时,还可以取瞿麦120克,滑石粉、车前子、赤石脂各60克,海金沙、山甲珠、冬葵子各30克,川红花、核仁泥、炮干姜各20克,生甘草10克,研磨成粉末,然后以1张荷叶、15克炒食盐充当药引,添加适量开水给母猪冲服,每天服用2次,连续服用2天,从而缓解病症,促进母猪胎衣的脱落、排出。

(3) 手术治疗　手术治疗是通过外力帮助的方式进行胎衣剥离,此种情况一般用于药物治疗不明显时。首先进行体温测量,当温度低于39.5℃才可以采用手术治疗。母猪保定后,先清洗母猪的外阴,手术人员佩戴好医用手套并消毒后,将手伸进子宫找到胎衣位置,然后小心进行胎衣剥离。在进行剥离的过程中,应尽可能谨慎,避免造成子宫损伤。为避免引发子宫炎症,可以通过注射抗生素进行预防。若剥离出的胎衣已经腐烂,可以先用高锰酸钾溶液清洗子宫,待胎衣排出后再注射抗菌消炎的药品。通过多次处理后,可以逐渐缓解病症。在临床试验中,子宫清洗会有副作用,不利于子宫的复原,因此一般不采用此种方式进行治疗。

七、子宫内翻及脱出

子宫角前端翻入子宫腔或阴道内称子宫内翻,子宫翻出阴道外称为脱出。多于分娩后几小时内出现,猪偶尔发生。

1. 病因

猪子宫内翻及脱出多因衰老经产、营养不良(单纯喂以麸皮、玉米,钙盐缺乏等),引起气血亏虚、中气下陷、难以固涩所致。运动不足或分娩助产时阴道受到强烈刺激,产后发生强力努责,母猪胎儿过大、过多,限位饲养时吃食过饱、卧地过久,腹内压增大等原因,都可引起本病发生。

2. 临床症状

产后母猪仍继续努责举尾、精神不安,此时手伸入阴道检查,若发现有圆形瘤状物,直肠检查发现子宫似肠套叠,子宫阔韧带紧张,可确定出现子宫内翻,这时要立即采取治疗措施。

脱出多突然发生,一角或两角脱出,有横的皱褶,黏膜绒毛状,紫红色,常流出鲜血,继之黏膜水肿,时间一长形成似牛皮纸样痂皮。

3. 治疗

主要是手术整复,术前把母猪放在架车上,头向下保定好。用消毒液清洗翻出子宫,边清洗边把未脱掉的胎衣剥离,然后放在塑料布上。硬膜外腔麻醉后进行整复。整复时一角一角进行。猪子宫角很长,整复难度很大,必要时可将子宫切除。

治疗原则以中药洗涤、手术整复为主,结合内服八珍汤。

(1) 整复前准备工作　保定用绳套或猪用口腔保定器 1 条(个)。配制中药洗剂:取川椒和艾叶各 50 克,加水 3 000 毫升煎汤,过滤取汁,候温分两份盛于盆内,毛巾 3 条。

(2) 整复经过　整复是子宫脱出的主要治疗方法,越早越好。首先,用绳套保定法保定,并使猪呈前低后高姿势。无猪口腔保定器时,可在绳的一端做一活套,使绳套自猪的鼻端滑下,当猪只张口时迅速套入上腭,并立即勒紧,然后由一人拉紧保定绳的一端,此时猪多呈后退姿势,从而保持安定的站立状态。二是用中药洗剂洗涤:取中药洗剂一份,左手托住子宫脱出部分,右手用毛巾充分蘸吸中药洗剂后轻柔洗涤脱出子宫,待浸润软化后,可见黏附污物脱离。洗剂的药物作用,使脱出子宫出现收缩反应,患猪疼痛减少,迎合术者操作。待基本洗净后,取另一份中药洗剂,换干净毛巾再次洗涤,结束后,黏膜损伤处撒敷青霉素钾粉。三是整复:利用刷拭、捂眼等方法分散病猪注意力,趁其不努责时,用拳头顶住末端向内推送,每次推送 10 厘米左右,轻缓抽出拳头后压住,防止脱出,交替进行,逐步推送,结束时将子宫角深深推入腹腔,恢复正常位置,手滞留子宫 10 分钟左右无强烈努责时退出。随即肌内注射缩宫药物如缩宫素或垂体后叶素 40~60 单位,缝合阴门,防止再度脱出。

(3) 中药治疗　以补益气血为治则,方用八珍汤:当归、熟地、党参、茯苓、白术各 25 克,川芎 20 克,甘草 10 克,共为末,开水冲调,一次灌服或拌料中投服。

八、产后不食

母猪产后不食指母猪自分娩前半月至哺乳期结束这段时间内发生的以食欲缺乏甚至废绝为主要特征的一类病理现象。轻者造成母猪体重减轻、早产、产弱仔多、产后泌乳减少,进而导致哺乳仔猪营养不良、腹泻、抵抗力弱、死亡率高;重者因顽固性不食而高度消瘦、死胎增多、产后无乳、断奶后乏情，或虽能发情配种，但久配不孕或下胎产仔数减少；严重者出现自体中毒，衰竭死亡。

1. 病因及临床症状

（1）消化不良型　妊娠后期，胎儿生长迅速，体重显著增加，挤压胃肠，使胃肠变位，再加上产前精料喂得过多，运动不足，易引起消化不良。此型常发于分娩前几天，体温正常，食欲缺乏，粪便干硬，有的病猪喜欢饮水，吃青绿多汁饲料，严重者食欲废绝。

（2）产后虚弱型　妊娠期饲料中缺少蛋白质、矿物质及维生素等，母体为保证胎儿发育，必须动用自身蛋白，因而导致营养不良，甚至自体中毒。病程一般较长，妊娠后期即表现食欲缺乏、日渐消瘦、结膜苍白、粪便干燥而少。若产时再出现分娩时间过长、失血过多，元气损伤更甚，造成气血亏损、产后虚弱、食欲减少，甚至食欲废绝。

（3）低血糖、缺钙型　日粮中缺钙或钙、磷比例不当，维生素D缺乏或日照不足，均可使血钙降低、胃肠蠕动迟缓。产后由于母猪大量泌乳，血液中钙的浓度降低，导致母猪消化系统发生紊乱而不食。

母猪常常卧地而不愿站立，行动迟缓，肌肉震颤，食欲废绝，甚至出现跛行或瘫痪。

（4）外感型　分娩消耗了母猪大量体力，特别是分娩持续时间长的猪十分疲惫，若产舍温度过低、贼风侵袭、门窗关闭不及时或气候突变，猪感受外邪，引起感冒性不食。外感分风寒感冒与风热感冒。风寒型感冒多见体温升高，精神沉郁，被毛逆立，打喷嚏、咳嗽，流水样鼻液，耳、鼻、四肢发凉，鼻镜湿润，舌质淡，舌苔薄白。风热型感冒多见体温升高，精神倦怠，鼻液黏性，舌质稍红欠润，耳鼻发热。

2. 防制措施

（1）消化不良型　改善饲养管理，做好母猪临产前减料、产后逐渐加料、断乳前减料工作，严禁突然更换饲料，多喂青绿多汁饲料，适当加强运动。可应用各种健胃剂清理胃肠，调整胃肠功能，如人工盐、碳酸氢钠、健胃散等。

（2）产后虚弱型　加强饲养管理，依据母猪妊娠和哺乳期的不同营养需求，合理搭配日粮，充分满足妊娠期和哺乳期对维生素、矿物质元素等的需求。在母猪分娩时，应适时予以助产或注射缩宫素催产。治疗：用复合维生素B注射，每天1次，连用5～7天；也可用腺苷三磷酸100毫克、肌苷300毫克、5％葡萄糖500毫升静脉注射，每天1次，连用7天；中药用加减参苓白术散（党参10克、茯苓10克、白术5克、山药5克、砂仁5克、薏仁5克、神曲10克、山楂5克、麦芽10克、甘草5克），每天一剂，连用5天。

（3）低血糖缺钙型　日粮中添加富含钙、磷和维生素D的饲料，合理搭配日粮。产后一旦发病，应立即静脉注射葡萄糖酸钙维持血钙浓度。为了促进钙盐吸收，还可以肌内注射维生素D_2或维生素A和维生素D复合制剂（如维生素钙）。

（4）外感型

① 风寒感冒。肌内注射柴胡注射液或灌服生化散和荆防败毒散加减（当归30克、桃仁20克、炮姜25克、川芎15克、荆芥50克、防风40克、党参50克、茯苓30克、甘草20克、枳壳30克、桔梗30克、柴胡30克、前胡30克、羌活30克、独活30克、川芎20克）。

② 风热感冒。肌内注射双黄连注射液或灌服生化散和银翘散（当归30克、桃仁20克、炮姜25克、川芎15克、二花20克、连翘40克、淡竹叶30克、荆芥30克、牛蒡子30克、薄荷40克、淡豆豉30克）。

九、产后瘫痪

产后瘫痪又称产后麻痹，是主要发生于母猪分娩2～6天内的一种常见营养代谢性疾病，发病母猪主要表现为肌肉松弛、知觉丧失、四肢瘫痪等症状，并且死淘率较高。母猪一旦发病，不仅影响其繁殖性能，还会严重影响仔猪的成活率，从而对养殖场经济效益产生影响，制约养猪业的发展。

1. 病因

（1）母猪日粮中钙、磷不足或比例不当　钙和磷是重要的矿物质营养素，猪体内99％钙、90％磷存于骨骼中，是构成骨无机基质-羟基磷灰石的主要成分。猪日粮钙水平严重干扰磷的吸收，所以日粮中钙与磷还需一定比例，一般是1.25∶1（总磷）和3∶1（有效磷）。

钙、磷缺乏或钙、磷比例不当，母猪产仔前后就会动用骨骼中的钙和磷，用于胎儿骨骼发育和泌乳，导致钙、磷严重负平衡，引起骨骼脱钙、脱磷、骨质疏松。出现消瘦、跛行、骨骼脆弱、站立或行走困难、瘫痪等症状，特别是高产母猪更容易发生。

（2）母猪生产力高，产仔多，泌乳力强，产后大量泌乳，血钙、血糖大量移至乳中，母猪体内的钙被大量消耗后，没有得到及时补充。

（3）饲料中维生素D不足　维生素D对促进钙的吸收是必要的，因活化后的维生素D［1,25-（OH）$_2$维生素D$_3$］参与小肠黏膜细胞中转运钙的钙结合蛋白的合成，钙结合蛋白能使肠的钙吸收率升高近1倍。

（4）中医认为产后母猪肝肾亏损、气血虚弱、气鼓动无力、气血运行失调，气不通则麻，血不通则痛，故出现产后麻痹、四肢疼痛。

2. 临床症状

母猪产后瘫痪见于产后数小时至2～5天内，也有产后15天内发病。病初表现行走谨慎、步态不稳、后肢无力、后躯摆动，常见交替踏步、驱赶时肌肉疼痛、跛行，甚至尖叫，体温正常或略偏低。后期精神极度沉郁、食欲废绝，呈昏睡状态，长期卧地不起。反射减弱，乳少甚至完全无乳，有时病猪伏卧不让仔猪吃乳。

3. 治疗

（1）钙制剂治疗　10％葡萄糖酸钙50～150毫升，或10％氯化钙20～50毫升，配10％葡萄糖，缓慢静脉注射。8小时后不见好转，可再注1次。

（2）磷、镁制剂治疗　20％磷酸二氢钠100～200毫升配10％葡萄糖静脉注射，再皮下注射10％硫酸镁10～50毫升，每天1次，连用3天。

（3）补充维生素D　维丁胶钙2～4毫升肌内注射，每天1次，连用10～15天。

（4）DCP（磷酸氢钙）50克＋红糖100克＋人工盐50克，每天分两次内服。

（5）中药防治　母猪产后或哺乳过程中发生瘫痪多因气血两虚、风寒湿邪乘虚而入，侵入经络，凝滞不去，经络受阻，经脉失养而瘫痪。因此在治疗上必须以温经通络、祛风胜湿、补益气血为原则。黄芪10克、白术10克、当归18克、党参10克、防风10克、羌活10克、附子6克、川芎8克、白芍10克、熟地10克、甘草10克、生姜10克，加适量水，文火煎至200毫升灌服，每天一剂，连用7天。方中羌活、防风、附子、生姜温经通络、祛风胜湿，党参、黄芪、白术、甘草健脾益气，熟地、川芎、白芍、当归滋阴补血。气血得补，风寒湿邪驱散，通经活络，经脉得气血之温补滋养，病痛自愈。

4. 预防

（1）饲料中钙、磷含量一定要满足妊娠母猪需求，且两者的比例要适当。

（2）饲料中要加足量维生素D。

（3）妊娠母猪要多晒太阳。经太阳紫外线照射，植物饲料原料所含麦角固醇能转化为维生素D（麦角钙化醇），动物饲料原料所含7-脱氢胆固醇能转化为维生素D_3（胆钙化醇），维生素D_2和维生素D_3对猪有相同的生物活性。

第三节 母猪泌乳障碍

一、产后无乳综合征

母猪产后无乳综合征又称产后乳腺炎-子宫炎-无乳综合征，管理良好与否都可发生，是猪比较常见的疾病之一。该病发生在产后至断奶的整个泌乳期，以夏季最为多见，发病率在10%～30%。主要特征是母猪产后1～3天，泌乳逐渐减少，不愿让仔猪吮乳，致使仔猪营养不良、生长缓慢，甚至衰竭死亡。

1. 病因

发病原因尚未完全明了，考虑是综合因素。虽然最主要的原因还是管理不当和病原微生物感染，但也有内分泌、营养和中毒性因素。

（1）分娩前如饲料突然变更、转群、舍温过高、产前便秘等应激因子存在，使母猪肾上腺皮质分泌糖皮质激素、髓质分泌肾上腺素增多，母猪精神高度紧张，内分泌呈现紊乱，抑制了乳腺分泌。

（2）本病与患猪过肥和分娩时间延长呈正相关，中医认为乳汁由气血化生，过肥母猪多缺乏运动，体质虚弱；分娩时间迁延过长，必消耗大量气血，气血双亏，乳汁化生无源。

（3）肠道感染，特别是大肠杆菌产生的内毒素可引发无乳，但人工感染试验未能出现本症候群。

（4）饲料营养不全价、霉变也很易导致产后无乳。

2. 临床症状

在临床上，该症候群有急性型与亚临床感染型之分。急性型发病比较突然，症状往往严重；亚临床型虽然临床症状较轻，但一般持续时间较长，影响亦大，均不可小视。

（1）急性型　产后体温急剧升高，一般达40.5℃左右，精神萎靡不振，不食少饮，鼻镜干燥，呼吸急促，甚至口吐泡沫；生殖系统感染，阴户红肿，产道有暗红色或脓性分泌物流出；乳腺发炎、肿胀、有痛感，乳房肿胀或萎缩干瘪，无乳汁分泌或挤不出乳汁；母猪喜伏卧，不愿站立，部分出现瘫痪，拒绝仔猪吮吸乳房或不予理睬。仔猪由于吮乳不足饥饿难耐，或时常用头猛烈撞击乳房，或用嘴强力拉扯乳头，始终不停地拱母猪乳房，吸吮乳头无乳汁后则转抢吸吮其它乳头，并不时发出尖叫声。随着时间的推移，全窝仔猪出现腹泻症状，进而因缺乏营养和脱水，渐渐出现鼻镜干燥、被毛粗乱、皮肤苍白、极度消瘦，甚至嗜睡无力，直至死亡。如果仔猪睡在母猪周围，还极易被母猪踩死或压死，个别幸存仔猪生长迟缓、体质虚弱，对后期正常生长发育带来严重影响。

（2）亚临床感染型　母猪食欲减退，体温正常或略高，呼吸基本正常，粪便稍干；生殖系统有轻度感染现象，阴道内不见或偶见污红色或白色脓性分泌物，乳房苍白、扁平，继而出现泌乳减少或无乳，并伴有疼痛，仔猪不断用力拱撞或更换乳房吮乳，但母猪对仔猪吮乳要求不热情理睬，导致仔猪哺乳时间明显缩短，且哺乳期仔猪容易发生下痢，并逐渐消瘦。事实上，容易发生产后无乳综合征的母猪，往往产前就有一定表现。如：长期呈现亚健康状态，厌食少饮，肚腹空瘪，消化不良，生殖系统经常发炎；在产中、产后极易发生分娩无力、难产、胎衣不下及应激和产道感染性疾病。亚临床感染型的产后无乳综合征，有时会因母猪症状不明显而被忽视，以致母猪淘汰率增加。

3. 剖检

子宫和肠道缺乏收缩性，乳房组织往往见有坏死和水肿。

4. 治疗

（1）发现乳汁不足、体温正常者，立即注射20～40单位催产素，每天3～4次，连用2～3天；或苯甲酸雌二醇20毫克＋黄体酮8毫克＋催产素30单位肌内注射，每天1次，连用3天。再配合中药催奶灵注射或催奶散（黄芪20克、党参13克、通草10克、川芎10克、白术10克、续断10克、山甲珠10克、当归20克、

第四章 猪的产科病防治技术

王不留行 20 克、木通 7 克、杜仲 7 克、甘草 7 克、阿胶 20 克）内服。

(2) 体温高者，皮质激素加广谱抗生素进行治疗，如环丙沙星 0.6 克配伍氢化可的松 0.1 克，静脉注射，每天 2 次，连用 3 天，同时内服加味益母生化散（益母草 15 克、赤芍 15 克、当归 10 克、王不留行 10 克、通草 10 克、桃仁 10 克、红花 5 克、炮姜 10 克），每次每头 60～80 克，连用 3 天。

(3) 便秘时可注射新斯的明 1.5～2 毫升，注射后数分钟，猪出现呕吐，肠出现蠕动，宿粪排出。

(4) 有子宫炎时，可注射前列腺素 F_{2a} 5 毫克、广谱抗生素如青霉素 300 万单位、链霉素 3 克用鱼腥草注射液 40 毫升溶解后肌内注射，连用 3 天。

5. 药物预防

(1) 产前饲料中添加 0.5％硫酸镁以防便秘。产前、产后 5 天饲料中加喂广谱抗生素（如多丙环素 100 克/吨、阿莫西林 200 克/吨），杀灭肠内病原性大肠杆菌，防止内毒素中毒性无乳。

(2) 临产时注射 20 毫升复合维生素 B，以防产中疲劳。

(3) 产后 36 小时内注射前列腺素 $F_2\alpha$ 3 毫克＋催产素 20 单位，促进泌乳和子宫复旧，减少本病发生。

(4) 也可注射长效土霉素 20 毫升，再注射催产素 40 单位，以促使胎衣排出，防止子宫内膜炎发生。

(5) 分娩时间不要超过 3 小时，努责无力时，及时注射新斯的明 1 毫升或催产素 40 单位。

(6) 产后 7 天，料中加催乳中药催奶散喂服。

6. 饲养管理预防

(1) 母猪妊娠期间要多喂青绿饲料，不可过肥。

(2) 分娩前不可更换饲料，分娩前 3 天开始减料，分娩当天停喂饲料，但不可缺水，分娩后 2～5 天增饲，从三分饱慢慢增至七分饱，7 天后再自由采食。

（3）转入分娩舍不要过晚（产前1周），分娩舍要安静，入分娩舍前猪体和产床彻底消毒。

（4）预防应激，如分娩舍过冷、过热或母猪受惊吓等。料中适当添加泻剂如硫酸镁，防妊娠后期便秘。

二、乳腺炎

母猪乳腺炎是指母猪的乳腺组织或者腺体受到机械损伤、微生物感染、物理和化学因素刺激发生红、肿、热、痛的炎症反应，导致母猪乳液质量下降、泌乳量减少等的一种病症，在母猪哺乳过程中时有发生。发生乳腺炎的母猪常会因为疼痛而拒绝哺乳，一旦治疗不及时则会引起母猪体温升高、泌乳停止等全身症状。哺乳仔猪受母猪乳腺炎的影响，会出现仔猪黄、白痢，生长发育不良等现象，直接影响广大养殖企业（户）的经济效益，阻碍养猪业的健康发展。

1. 病因

（1）仔猪尖锐牙齿咬伤、犬齿扎伤或猪舍水泥地面粗糙凹凸不平擦伤乳房皮肤引起感染。

（2）早期断奶时正是泌乳盛期，仔猪停止吸乳，乳汁蓄积，压迫乳房血管引起循环障碍，代谢产物聚积引起发病。

2. 临床症状

（1）局限性乳腺炎　发炎乳房局限于1个或2～3个，母猪无全身症状，只是发病乳房肿大、潮红、发热、疼痛，不让仔猪吃奶，乳汁中有絮状物，乳汁呈灰褐或粉红色，多数经几天后炎症缓和或痊愈，也有趋向恶化形成脓肿或蔓延到邻近乳房。

（2）扩散性乳腺炎　多由子宫炎或其它部位病毒或细菌感染转移而来，很快所有乳房急速发病，几乎无乳汁分泌，体温常升高到40℃以上，食欲废绝，恶寒颤抖，乳房红肿、硬结、疼痛，甚至整个腹下发红肿胀。仔猪常因吃变质乳汁而腹泻。

3. 预防

要防止母猪乳腺炎的发生,从根源上解决母猪乳腺炎问题困扰,减少其造成的经济损失,就必须加强母猪的日常饲养管理工作。为母猪创造舒适的哺乳环境,母猪临产前和泌乳期,定期对猪舍进行消毒,及时杀灭猪舍环境中的病原微生物,降低感染风险。同时,要加强猪舍的日常清洁,及时清扫粪便、勤换垫草,保证猪舍内温湿度适宜,干燥、清洁。母猪生产期间做好助产和接产工作,尽量缩短助产时间,保证母猪能够顺利分娩,严格避免因人为操作污染原因造成的母猪乳房损伤。母猪分娩后加强对哺乳母猪的日常护理,可以经常对母猪乳房进行按摩,促进乳房组织的血液循环,减少乳汁瘀堵,也可使用 0.1% 高锰酸钾溶液对乳房进行消毒,降低乳腺炎的感染概率。分娩期和哺乳期,要根据母猪的具体膘情和哺乳仔猪数量及乳汁分泌情况灵活调整母猪的日粮比例,保证分娩母猪饮水充足。适当增加青绿饲料的投喂量,注意蛋白质、碳水化合物等精饲料的比例,避免营养过剩现象的产生。

其次,要做好母猪乳房的日常护理,定期对母猪体表进行清洗,保证乳房和乳头的清洁。为避免器械、摩擦等原因造成的母猪乳房破损,猪舍内务必要做好安全防护,尽量保证猪舍地面光滑,及时清除尖锐锋利的器具。一旦发现乳房外伤现象,需及时做好消毒灭菌工作,防止炎症进一步扩大。

最后,为避免猪瘟、链球菌病等感染猪群,母猪妊娠前期需严格按照本场的免疫接种程序,进行猪瘟、猪链球菌病疫苗的免疫接种工作。同时,部分中草药和微生态制剂,以及维生素和微量元素等对母猪乳腺炎的预防具有一定的作用,实际生产过程中可以根据需求采用上述药物进行猪群保健。

4. 治疗

(1) 青霉素 150 万单位、链霉素 0.5 克,用 0.25% 普鲁卡因 20~30 毫升溶解后乳房周围多点封闭,封闭时不要伤及乳腺,注射到乳腺周围腹肌内。

(2) 2.5%恩诺沙星30毫升肌内注射,每天两次,局部用2.5%恩诺沙星5毫升与4毫克地塞米松混合,乳房基部多点注射,每天两次,一般3～5天痊愈。

(3) 10%鱼石脂软膏涂抹患病乳房,每天1次。

(4) 中药:二花10克、连翘10克、蒲公英10克、地丁5克、赤芍10克、归尾10克、瓜蒌10克、皂角刺10克、荆芥10克、防风10克、甘草5克,煎服,连用3剂。

三、乳房水肿

乳房水肿是妊娠末期组织液积蓄于皮下或积蓄在乳房组织深部引起的一种疾病。怀孕后期母猪特别是限位栏中饲养的母猪,缺乏运动,出现乳房轻微水肿,属正常生理现象。但明显水肿,水肿液对乳腺组织产生压迫,影响泌乳功能时称乳房水肿。由于水肿液的压迫,乳腺泡发育受阻,产后泌乳量低、初乳少,造成仔猪发育不良、发病率和死亡率高,同时也是导致母猪乳腺炎、无乳综合征的主要原因。

1. 病因

(1) 怀孕后期胎儿生长迅速,子宫体积快速增大,腹压升高,静脉血回流受阻;限位饲养使母猪活动减少,乳房静脉瘀血,毛细血管通透性升高。

(2) 怀孕后期乳腺、胎儿、子宫增长迅速,需大量蛋白质营养,母猪全身循环血量增加,血浆蛋白浓度下降,胶体渗透压降低,水分易在组织中潴留。

(3) 怀孕期间,母猪加压抗利尿素分泌增多,肾小管对钠重吸收增强,组织中钠离子量增加,引起水潴留。

2. 症状

乳房发育不良,触之有压痕,乳房不是明显杯状而是相互连接,每个乳房形状不明显。严重时因大量水分潴留腹下,导致猪发生便秘,时间稍长出现精神沉郁,食欲差或废绝。产后泌乳量少。

3. 预防

(1) 加强营养,特别是怀孕后期要保证蛋白质、微量元素和维生素的需求。

(2) 加强运动,特别是怀孕后期。

(3) 防止怀孕期母猪太肥。

4. 治疗

(1) 注射维生素 C、维丁胶钙,减少毛细血管通透性。

(2) 注射利尿剂如安钠咖等。

(3) 减少饲料中食盐量。

(4) 按摩水肿部位,促进血液循环和水肿液消散。

第五章

仔猪疾病防治技术

一、初生期仔猪死亡

初生仔猪由于体温调节能力差、消化器官不发达、抗病力低等，这个阶段饲养难度大，并易死亡。因此，养殖户在生产中应予以高度重视，以减少不必要的经济损失。

1. 病因

（1）母猪饲养失当　母猪怀孕和哺乳期间，要特别注意保持饲料清洁、新鲜，做到现拌现喂。多喂青绿多汁饲料，供给充足饮水。禁喂腐败变质饲料和含有毒有害物质饲料。

（2）仔猪未吃初乳　初乳中含有大量抗体，而弱小仔猪往往由于抢食吃不到初乳，抵抗力十分脆弱，很易生病甚至死亡。

（3）仔猪受冻死亡　冬季外界气温低，如不注意初生仔猪保温，很可能会导致冻死。

（4）母猪圈舍不洁　母猪圈舍不洁容易使母猪发生乳腺炎，因疼痛拒绝哺乳使仔猪严重营养不良，或仔猪吃乳后易引发仔猪黄痢、白痢等消化道疾病导致死亡。

（5）母猪压死仔猪。

（6）母猪食仔恶癖　当母猪妊娠期饲料中缺乏钙、磷、氯、钠等矿物质或维生素时，或母猪产后非常口渴，没及时供给饮水，或母猪产后未及时把胎衣和死胎拿走，母猪养成了吃胎衣和死胎的恶癖，继而演变成吃自己仔猪的恶癖。

(7) 仔猪产后假死　有的初生仔猪由于在母猪阴道中停留的时间较长等原因，造成窒息出现假死。

(8) 母猪拒绝哺乳　多见于初产母猪。由于缺乏母性锻炼，护仔性差，或在产仔过程中受到惊吓，或产仔过多，奶汁不足，仔猪争抢吃奶咬伤乳头造成发炎疼痛而拒哺。

2. 预防及治疗

(1) 加强妊娠母猪的饲养管理　采取前低后高的饲养方式。妊娠前期在一定限度内降低营养水平，妊娠后期（临产前 1 个月）再适当提高营养水平，增加饲喂量（每天 2.5～3 千克），并可添加油脂，还应保证常量、微量元素及维生素的需要，从而提高仔猪的初生重。

(2) 对假死仔猪及早进行抢救　方法有：先清除仔猪口腔黏液，擦净鼻部和身上黏液，然后将其四肢朝上，一手托住肩部，另一手托着臀部，一屈一伸反复进行，直到仔猪叫出声后为止；也可采用在鼻部涂擦酒精等刺激物的方法来急救。

(3) 防寒保暖，防止冻死　初生仔猪相当怕冷，保温是提高仔猪成活率的关键措施。仔猪最适宜的环境温度为：1～7 日龄为 32～28℃；8～30 日龄为 28～25℃；31～60 日龄为 25～23℃。温度低于仔猪生长适宜温度或猪舍潮湿，仔猪就会腹泻、下痢，继而发生死亡。所以，要采取各种适宜的保温措施，给仔猪创造一个良好的生存环境，如增设仔猪栏、保温箱，加大饲养密度，采用暖炉、电热板、红外线灯保温等并保持圈舍干燥。

(4) 固定奶头，吃足初乳　初乳中含有较多的蛋白质、微量元素和维生素，有大量的 γ-球蛋白，这是抗体的主要成分，吃不到初乳的仔猪免疫力差、死亡率高。所以要保证每头仔猪都能及早吃上初乳。另外，仔猪出生后 2～3 天内，要让所有仔猪都固定乳头。帮助仔猪固定乳头以自然选择为主、个别调整为辅。不同乳头的泌乳量不同，让弱小仔猪吃前 3 对乳头，强壮的仔猪吃后 3 对乳头。

(5) 选择性寄养

①仔猪最好在吃足初乳2~3次后再进行寄养,且生母和养母的分娩日期最好相差在3天以内。②寄大不寄小,寄强不寄弱。③保证所有寄养猪吃上初乳。④用养母的尿、乳汁、垫草擦拭寄养猪,或将两窝仔猪放在一起半小时后再放入,也可在两窝小猪身上都涂上酒、臭药水等,以防止寄母伤害被寄仔猪。⑤有传染病存在的情况下不进行寄养,以免疫情扩散。

(6) 补铁　铁是形成血红素和肌红蛋白所需要的微量元素,初生仔猪体内储备的铁很少,只有30~50毫克,其从母乳中能得到的数量也有限,每天仔猪从乳汁中仅能得到1毫克,而其正常生长每日需7~8毫克铁,因此极易造成仔猪缺铁。缺铁会造成仔猪缺铁性贫血,皮肤和黏膜苍白;生长不良,甚至停滞;腹泻或下痢;畏寒。仔猪补铁方法:①在仔猪出生3天内,颈部或臀部肌内注射右旋糖酐铁钴注射液,也可以用铁、硒合剂如牲血素、牲血宝等,使用剂量根据产品说明书确定。补铁最好不要在乳猪出生的当天进行,因为补铁制剂的刺激性很大,深部肌内注射容易导致应激猝死。②在猪圈内撒上一些干净的红黏土,让仔猪自由采食,以补充铁的不足。

(7) 提早开食补料　母猪产后5天泌乳量逐渐上升,20天达到泌乳高峰,30天后逐渐下降,而此时仔猪的发育却处于逐渐加快时期,单吃母乳已不能满足其生长所需养分。尽早补料可训练仔猪的消化系统,刺激胃酸的分泌,促进消化器官的发育,为断奶后顺利采食饲料打下基础。另外早补料可避免仔猪乱啃脏物,减少下痢病患和死亡。

诱导仔猪开食的措施如下。①自由采食法:可在补料期间或仔猪经常活动的地方放些颗粒料,将其撒在水泥地上,因颗粒性饲料香脆可口,仔猪爱吃。②人工塞食法:仔猪熟睡之时,将湿料或干料用小铁勺或用手塞进仔猪口中,每天3~5次,诱食效果很好。③以大带小法:此法主要是利用仔猪抢食的生活习性,将两窝仔猪放在同一补料间,其中一窝稍大的仔猪已学会吃料,利用以大带小方法促进另一窝仔猪快速学会吃料。④甜食引诱法:可利用仔猪喜吃甜食的习性,在饲料内加入适量糖精或白糖、炒一些玉米、黄豆或大米,最好拌一点红糖,使饲料略带甜味,磨成芝麻大小,装入浅盒放在仔猪活动的地方,仔猪自觉舔食。每天用甜料训练仔猪4～5次,效果十分明显。

(8) 仔猪适宜断奶

①提高母猪年生产力:母猪生产力一般是指每头母猪一年所提供的断奶仔猪数。仔猪早期断乳,可以缩短母猪的产仔间隔(繁殖周期),增加年产仔窝数。从理论上讲,断奶时间越早,母猪年产仔窝数越多。每提前1周断奶,1头母猪可多生产1头断奶仔猪。目前,世界通行的仔猪断奶时间为21～28日龄,我国为28～35日龄。②提高饲料利用效率:仔猪越早断乳,母猪在哺乳期耗料就越少。从饲料利用率来看,仔猪断乳后直接摄取饲料的利用率,要比断乳前饲料通过母猪摄取,然后转化为乳汁,再由仔猪吮吸乳汁转化为体组织的要高。③有利于仔猪的生长发育:早期断奶的仔猪,虽然在刚断奶时由于断奶应激的影响,增重较慢,一旦适应后增重变快,可以得到生长补偿。④提高分娩猪舍和设备的利用率:工厂化猪场实行仔猪早期断乳,可以缩短哺乳母猪占用产仔栏的时间。

(9) 矫正母猪咬仔的不良行为 给母猪戴上防护口罩,人工强制哺乳,过1～2天有可能转为正常;母猪产前、产后给予充足的温盐水;接产人员要及时清除母猪排出的胎衣;保证母猪妊娠后期营养充足;淘汰有咬仔恶癖的母猪等。

3. 预防措施

(1) 给产前母猪注射本地血清型菌株苗或大肠杆菌K88、K99多价工程疫苗。

(2) 喂给母猪优质饲料,以增强母猪的抗病能力和提高奶水质量。

(3) 母猪临产前应彻底消毒产房,同时母猪乳头也应彻底消毒。

(4) 仔猪出生 3 天内,于每次吃初乳前用 0.1% 高锰酸钾消毒并擦净母猪奶头后,才让仔猪吃奶。

给仔猪注射牲血素,1 毫升/头;同时口服磺胺嘧啶钠,2 毫升/头,1 次/天,连用 3 天。口服补液:食盐 3.5 克,碳酸氢钠 2.5 克,氯化钾 1.5 克,葡萄糖 20 克,蒸馏水 1000 毫升,仔猪内服 50 毫升/(头·次)。口服或注射氟哌酸或恩诺沙星 2 毫升/头,1 次/天,连用 2～3 天。在药物治疗的同时辅以腹腔注射 10% 葡萄糖注射液,20～40 毫升/头,可提高疗效,缩短疗程,防止仔猪脱水,降低仔猪死亡率。

二、新生仔猪低血糖症

新生仔猪低血糖症是以血糖含量大幅度减少并出现脑神经机能障碍为特征的一种非传染性营养代谢性疾病,又称乳猪病或憔悴猪病。该病的特点是血糖显著降低,血液非蛋白氮含量明显增多,临诊上出现迟钝、虚弱、惊厥、昏迷等症状,最后死亡。主要发生于冬春季节,通常是一窝或几窝的部分或全部仔猪发病,且多发生于 7 日龄内的仔猪。特别是 2～3 日龄仔猪发病率最高,可达到 30%～70%,甚至 100%,如不及时治疗,死亡率高达 50%～100%,给养猪业带来很大的经济损失。

1. 病因

(1) 仔猪出生后吮乳不足　引起仔猪出生后吮乳不足的因素有:仔猪不能吮乳,如吃奶小猪患有严重的外翻腿、肌痉挛、脑积水等;由营养原因引起的衰弱或母猪泌乳不足或不能泌乳,如母猪子宫炎、乳腺炎、无乳综合征使母猪根本不能泌乳;母猪产后疾病;麦角中毒引起无乳症;乳头坏死;窝猪头数比母猪奶头数多;管理因素,产栏下横档位置不适当,以至于仔猪无法接近母猪乳房。

(2) 仔猪患有先天性糖原不足、同种免疫性溶血性贫血、消化不良等是发病的次要原因。

（3）低温、寒冷或空气湿度过高使机体受寒是发病的诱因；新生仔猪在生后 1～2 周缺乏皮下脂肪，体热散失很快。如果仔猪吃不够奶水，环境阴冷潮湿时，就会利用血液中葡萄糖和糖原储备，这时会发生低血糖症。

（4）仔猪在出生后第 1 周内缺少糖异生作用所需的酶类，糖异生能力差或不能进行糖异生作用，血糖主要来源于母乳和胚胎期贮存肝糖原的分解，如吮乳不足或缺乏时，则肝糖原迅速耗尽，血糖降低至 2.8mmol/L 即可发病。血糖降低时，影响大脑皮质，出现神经症状。

（5）有的因仔猪患大肠杆菌病、链球菌病、传染性胃肠炎等时，哺乳减少，并有糖吸收障碍，导致发病。

2. 症状

同窝猪中的大多数仔猪都可发病，一般仔猪在出生后第 2 天突然发病，迟的在 3～5 天才出现临床症状。病猪突然停止吮乳或者吃乳减少；精神沉郁，四肢无力，卧地不起，被毛蓬乱无光泽，粪便尿液呈黄色；体表感觉迟钝或消失，用针刺除耳部和蹄部稍有反射外，其它部位无痛感。皮肤苍白，湿冷，体温下降到 36～37℃，耳尖、尾根及四肢末端出现轻微的紫色。多数呈阵发性痉挛症状，头向后低或呈角弓反张，四肢作游泳状划动，口微张，发出特殊的尖声嚎叫或口角流出少量的白沫。心跳加快，每分钟约 150 次，心律不齐，呼吸微弱，眼球不动，对光反应消失。严重的昏迷不醒，意识丧失，瞳孔散大，于 3～4 小时内死亡。

3. 病理变化

死猪尸僵不全，皮肤干燥无弹性。尸体下侧、颚凹、颈下、胸腹下及后肢有不同程度的水肿，其液体透明无色；血液凝固不良，稀薄而色淡。胃内无内容物，也未见白色凝乳块，肠系膜血管轻度充血。肝脏呈橘黄色，表面有小出血点，内叶腹面出现土黄色的坏死灶；切开肝脏流出淡橘黄色血液，边缘锐薄，质地如豆腐稍碰即破,肝小叶分界明显;胆囊肿大充满半透明淡黄色胆汁。肾脏呈淡土黄色,表面有散在针尖大小出血点,肾切面髓质暗红色且与皮质界限清楚。脾脏呈樱红色,边缘锐利,切面平整不见血液渗出。膀胱底部黏膜布满或散在出血点,肾盂和输尿管内有白色沉淀物。心脏柔软。其它部位未见异常。

4. 诊断

根据妊娠母猪饲养管理不良,产后无乳、少乳或乳汁过稀,发病后的临床症状,剖解变化以及仔猪对葡萄糖治疗的反应即可作出临床诊断。用葡萄糖氧化酶法测定仔猪血糖,可发现病仔猪血糖低于50毫克/100毫升,而正常仔猪的血糖值为76~149毫克/100毫升。

5. 防制措施

(1) 治疗

① 本病治疗主要应尽快补糖,用10%葡萄糖5~10毫升腹腔注射或前腔静脉注射,每隔4~6小时1次,连续2~3天。

② 经口腔灌服葡萄糖,每次3~5克,每天3~4次,连用3~5天。

③ 如果温度降到正常体温以下时,可配合肌内注射庆大霉素、维生素B_1注射液及安钠咖注射液等。

(2) 预防 主要加强妊娠后期母猪的饲养管理,给予全价饲料。对新生仔猪给予充足的母乳,如母猪缺乳,应进行人工哺乳。加强妊娠后期和产后母猪的饲养管理;注意新生仔猪的护理,增强机体抗寒抗病的能力。

① 加强妊娠母猪后期和产后母猪的饲养管理。妊娠母猪后期应增加日粮中蛋白质、维生素、矿物质及微量元素的含量,并适当增加能量饲料和青绿多汁饲料,保证胎儿的正常发育和分娩后母猪有充足的乳汁。在母猪生产时,注意圈内清洁卫生,以防止感染生殖器官疾病和乳腺炎等;同时注意泌乳母猪的日粮调配,保证日粮营养全面、易消化、适口性好,并供应充足的饮水。

② 注意对仔猪的护理和防寒保暖工作。在仔猪出生后及时固

定乳头，保证仔猪吃早、吃足初乳，早晚不超过 2 小时；如少数弱小仔猪吸奶不足，可额外进行补喂；产仔过多时，可把部分仔猪寄养给其它母猪，以便及早补给水分、营养，尽快产生体热。保持圈舍清洁卫生，增设防寒设备，防止温度过低和骤冷。

③ 对常发本病的猪群可采用葡萄糖盐水补给预防。于产后 12 小时开始，给仔猪口服 20％葡萄糖盐水，每次 10 毫升，每天 2 次，连服 4 天。

在对症治疗仔猪低血糖症的同时，要及时解除母猪无乳、少乳或乳汁过稀的原因。①补糖：用 10％或 25％葡萄糖注射液 10～20 毫升，加维生素 C 0.1 克混合后，腹腔内注射，每隔 3～4 小时 1 次，连用 2～3 天。对症状较轻者用 25％葡萄糖液灌服，每次 10～15 毫升，每隔 2 小时 1 次，连用 2～3 天。为了防止复发，停止注射和灌药后，让其自饮 20％的白糖水溶液，连用 3～5 天。②促进糖原异生：醋酸氢化可的松 25～50 毫克或者促肾上腺皮质激素 10～20 单位，1 次肌内注射，连续 3 天。③及时解除产后母猪无乳、少乳或乳汁过稀的原因，如系营养不良引起的要及时改善饲料，加强护理；如是母猪感染其它疾病所致，要积极治疗。对母猪无乳的病例，可给仔猪进行人工哺乳。④如仔猪患有影响哺乳和消化吸收的疾病，应在补糖的同时积极治疗这些原发病，还要改善饲养环境，注意保暖，减少应激等。

三、仔猪梭菌性肠炎

仔猪梭菌性肠炎又叫仔猪红痢，又称仔猪传染性坏死性肠炎，是由 C 型魏氏梭菌引起的初生仔猪的急性传染病。本病的主要特征是排出红色粪便、肠坏死、病程短、致死率高，常常造成初生仔猪整窝死亡，损失很大。仔猪梭菌性肠炎是初生仔猪（3 日龄以内）的高度致死性肠毒血症。

1. 病原

仔猪红痢的病原为 C 型魏氏梭菌（又叫 C 型产气荚膜梭菌），

革兰氏染色为阳性，是大型杆菌，能产生芽孢。无鞭毛，不能运动，在动物体内及含血清的培养基中能形成荚膜，是本菌特点之一。本菌广泛存在于自然界，通常存在于土壤、饲料、污水、粪便及人畜肠道中，下水道、尘埃中也有。其繁殖体的抵抗力不强，一旦形成芽孢后，对热力、干燥和消毒药的抵抗力就显著增强。加热80℃30分钟、100℃数分钟可杀死本菌。本菌能产生强烈的致死性毒素。根据产生的毒素不同可分为A、B、C、D和E 5个血清型。C型产气荚膜梭菌主要产生α、β毒素，特别是β毒素，它可引起仔猪肠毒血症和坏死性肠炎。根据毒素种类的不同，可鉴定不同的菌型。

2. 流行病学

在发病猪群中，C型魏氏梭菌常存在于一部分母猪的肠道中，随粪便排到体外，污染周围环境。猪舍的地面、垫草、饲养管理用具和运动场，以及周围的土壤、下水道等处存有此菌。初生仔猪出生后很快接触被污染的母猪体表和乳头、泥土和垫草，将本菌芽孢吞入消化道内而感染发病。芽孢在猪体小肠中发芽繁殖，侵入绒毛上皮组织，沿基底膜繁殖扩散，并产生大量毒素，引起肠黏膜发炎、充血、出血或坏死。毒素通过肠壁吸收而引起毒血症，致使仔猪发病和死亡。本菌还可侵入肠道浆膜下和肠系膜淋巴结中，引起炎症，并产生气体。本病主要发生在生后1～3天以内的仔猪，1周龄以上的很少发病。发病快，病程短，死亡率极高。在同一猪群各窝仔猪的发病率不完全相同，发病率最高可达100%，病死率50%～90%或以上。品种和季节对发病无明显影响，但以冬春两季发病较多。

3. 临床症状

（1）最急性型　仔猪红痢常在仔猪出生后数小时到1～2天发病，发病后数小时至2天可死亡。最急性病例的病状很不明显，生后吃奶及精神不好。常突然不吃母奶，精神沉郁，病仔猪不见腹泻即死亡。在虚脱或昏迷、抽搐状态下死亡。部分仔猪无血痢而衰竭死亡。

(2) 急性型　急性病例可见病仔猪不吃奶，精神沉郁，离群独处，怕冷，四肢无力，行走摇摆，腹泻，排出灰黄或灰绿色稀粪，后变为红褐色糊状，故称红痢。粪便很臭，常混有坏死组织碎片及多量小气泡。体温不高，很少升到41℃以上。大多数病仔猪死亡，甚至整窝仔猪全部死亡。此型病程多为2天，第3天可死亡。这是我国常见的病型。

(3) 亚急性型　仔猪表现为持续下痢，病初排出黄色软粪，以后变为水样稀便，内含坏死组织碎片。病仔猪消瘦、虚弱、脱水，最后死亡。病程通常为5～7天。

(4) 慢性型　病猪呈间歇性或持续性腹泻，病程在1～2周或以上。排出黄灰色、黏糊状粪便。尾部及肛门周围有粪污染黏附。病猪生长缓慢，发育不良，消瘦，最终死亡或形成僵猪。A型产气荚膜梭菌引起的病仔猪，症状基本与C型所致病仔猪相似，不同之处是仅50%左右的发病仔猪腹泻，而排血色稀便仔猪更为少见，粪便颜色为灰黄、橘黄、紫红色不等，易误认为是仔猪黄痢。

4. 病理变化

本病不同病程的死亡仔猪，其病理变化基本相似，只是由于病程长短不一，病变的严重程度有差异。胸腔和腹腔有多量樱桃红色积液，主要病变在空肠，有时也可延至回肠，十二指肠一般无病变。①最急性型：空肠呈暗红色，与正常肠段界线分明，肠腔内充满暗红色液体，有时包括结肠在内的后部肠腔也有含血的液体。肠黏膜及黏膜下层广泛出血，肠系膜淋巴结深红色。②急性型：出血不十分明显，以肠坏死为主，可见肠壁变厚，弹性消失，色泽变黄。坏死肠段浆膜下可见高粱粒大或小米粒大、数量不等的小气泡，肠系膜淋巴结充血，其中也有数量不等的小气泡。肠黏膜呈黄色或灰色，肠腔内含有稍带血色的坏死组织碎片松散地附着于肠壁。③亚急性型：病变肠段黏膜坏死状，可形成坏死性假膜，易于剥下。④慢性型：肠管外观正常，但黏膜上有坏死性假膜牢固附着的坏死区。其它实质器官变性，并有出血点。A型产气荚膜梭菌引起的病理变化与C型菌引起的仔猪红痢基本相似，但心包积液、胸腔积液、腹水未见明显增多，肠系膜、浆膜上的气泡较为少见，多为肠管充气，颌下、胸腹部皮下有浅黄色胶冻样浸润或水肿。

5. 诊断

仔猪红痢的流行特点、症状和病理变化都很典型，不难做出诊断。本病主要发生在出生后3天内的仔猪。出血性下痢，发病急剧，病程短促，死亡率极高。剖检可见空肠段有出血性炎症及坏死，肠浆膜下有小气泡，肠腔内容物呈红色并混杂小气泡，这些都是本病的诊断特征。细菌学及毒素检查是实验室诊断的可靠依据。

6. 治疗

本病发病急、病程短，往往来不及治疗。在常发病猪场，可在仔猪出生后，用抗生素如青霉素、链霉素、土霉素、痢特灵进行预防性口服。病仔猪用青霉素口服治疗有一定效果。

7. 预防

由于本病发病快、病程短，发病仔猪日龄又小，发病后用抗菌药物或化学药物治疗往往收不到好的效果，因此，对本病应重点做好平时的综合防制工作。①免疫注射，预防本病最有效的方法是免疫妊娠母猪，使新生仔猪通过吮食初乳而获得被动免疫，预防仔猪红痢。②搞好猪舍及周围环境的清洁卫生及消毒工作，特别是产房要清扫干净，并用消毒药液进行消毒。临产前做好接产准备工作，母猪奶头和体表要用清水擦干净，或用0.1%高锰酸钾液擦拭消毒乳头，以减少本病的发生和传播。③在常发病猪场，可在仔猪出生后，用抗生素类药物（如青霉素、链霉素、土霉素）进行预防性口服，连用2天。如每头用青霉素8万～10万单位注射；或每头1:3恩诺沙星3～5毫克。④对病仔猪可用青霉素10万单位和链霉素100毫克，调成糊状，抹入仔猪舌根部，让其吞服，连用2～3天，据观察有一定效果。也可用其它抗菌药物与止泻药物配合治疗。⑤抗红痢血清治疗。有条件的单位，仔猪出生后用抗C型产气荚膜梭菌血清预防和发病后治疗，可获较好效果。

四、新生仔猪溶血病

新生仔猪溶血病又称仔猪溶血性黄疸，是由于血型不合而配种所引起的一种Ⅱ型超敏反应性免疫性疾病。是由于新生仔猪吃初乳后，引起红细胞溶解，临床上出现黄疸、贫血、血凝不良和血红蛋白尿等症状。本病大部分出现在小养殖场，和母猪繁殖配种不科学及系谱不明朗有直接关系。本病的发生概率比较低，但致死率可达100%，给养殖场造成了较大的经济损失。

1. 病因

仔猪父母血型不合，仔猪继承公猪的红细胞抗原，这种仔猪的红细胞抗原在妊娠期间进入母体血液循环，母猪便产生了抗仔猪红细胞的特异性同种血型抗体。这种抗体分子不能通过胎盘，但可分泌于初乳中，仔猪吸吮了含有高浓度抗体的初乳，抗体经胃肠吸收后与红细胞表面特异性抗原结合，激活补体，引起急性血管内溶血。

2. 症状

临床症状轻重与溶血程度有关，多数于出生后 24 小时内迅速出现黄疸和贫血并在 48 小时内明显加重，眼结膜黄染，白皮肤仔猪还可见全身苍白，不吃奶，嗜睡，震颤，后躯摇晃，尿液呈透明红色，有的可因贫血较重而发生心力衰竭。如溶血严重，间接胆红素升高至 342～427.5 毫摩尔/升以上时，可透过血脑屏障与神经组织结合，出现神经症状，称"核黄疸"。核黄疸早期又称警告期，表现嗜睡，吸吮、反射减弱和肌张力降低，经过 0.5～1 天进入痉挛期。此时仔猪可发热，轻者两眼凝视、瞬眼及阵发性肌张力增高，重者有角弓反张，有时烦躁尖叫，病猪多数因呼吸衰竭或肺出血而死亡。若能渡过痉挛期，2 天内进入恢复期，先是吸吮力和对外界反应逐渐恢复，继而呼吸好转，痉挛消失。

（1）最急性型 吸吮初乳后 12 小时内突然发病，停止吃奶，精神委顿，畏寒，震颤，急性贫血，很快陷入休克而死亡。

（2）急性型　吸吮初乳后24小时内出现黄疸，眼结膜、口黏膜和皮肤黄染，血凝不良，48小时有明显的全身症状，多数在生后3天内死亡。

（3）亚临床型　吸吮初乳后，临床症状不明显，有贫血表现，血液稀薄，不易凝固。尿检呈隐血强阳性，表现血红蛋白尿；血检才能发现溶血。

3．病理变化

胴体、脂肪和肌肉均呈黄染色，肝脏上有程度不同的肿块。脾呈褐色稍肿大，肾脏肿大而充血。膀胱内积聚暗红色尿液。

4．诊断

仔猪出生后膘情良好，一切正常，吮吸初乳后数小时到十几个小时整窝小猪发病，这是新生猪溶血病的诊断要点，临诊时据此就可做出诊断并用药，不必待检验结果，以免耽误病情。

5．防制措施

（1）预防

① 立即全窝仔猪停止吸吮原母猪的奶，由其它母猪代哺乳，或人工哺乳的同时内服复合维生素。可使病情减轻，逐渐痊愈。

② 重病仔猪，可选用抗生素的同时配合地塞米松、氢化可松等皮质类固醇类药物治疗，以抑制免疫反应和抗休克。

③ 为增强造血功能，可选用维生素B_{12}、铁制剂等治疗，止血可缓慢静推止血敏或亚硫酸氢钠甲萘醌。

④ 发生仔猪溶血病的母猪，下次配种改换其它公猪，可防止再次发病。

（2）治疗　中草药治疗：对于既往有过溶血症的母猪，产前7天服用"活血化瘀散"（益母草50克、白芍18克、木香10克、当归15克、川芎15克，共磨研为细末），每次15克，一日一次，至生产为止。仔猪出生后即服用茵陈蒿汤（茵陈9克、茯苓6克、栀子6克、黄柏3克、郁金3克、泽泻3克、白术3克、甘草3克，大枣3枚,煎成500毫升),每日2次,连续3天,同时每只仔猪服用强的松1毫克,每日1次。

五、仔猪大肠杆菌病

仔猪大肠杆菌病是由致病性大肠杆菌引起的猪的肠道传染病。根据发病年龄和病原菌血清型的差异,猪大肠杆菌病可分为仔猪黄痢、仔猪白痢和仔猪水肿病3种。仔猪黄痢是出生后几小时到1周龄仔猪的一种急性高度致死性肠道传染病,以剧烈腹泻、排出黄色或黄白色水样粪便以及迅速脱水死亡为特征。仔猪白痢是由大肠杆菌引起的10日龄左右仔猪发生的消化道传染病。临床上以排灰白色粥样稀便为主要特征,发病率高而致死率低。猪肠道菌群失调、大肠杆菌过量繁殖是本病的重要病因。猪水肿病是由溶血性大肠杆菌毒素引起的以断奶仔猪眼睑或其它部位水肿、神经症状为主要特征的疾病。仔猪大肠杆菌病在集约化猪场存在非常普遍,发生严重,造成了巨大的经济损失。

1. 病原

大肠埃希氏菌通常被称为大肠杆菌,革兰氏阴性短杆菌,大小0.5微米×(1~3)微米。周身鞭毛,能运动,无芽孢。能发酵多种糖类产酸、产气,是肠道中的正常栖居菌。在相当长的一段时间内,一直被当作正常肠道菌群的组成部分,认为是非致病菌。直到20世纪中叶,才认识到一些特殊血清型的大肠杆菌对机体有病原性,尤其对幼畜(禽)常引起严重腹泻和败血症,是一种普通的原核生物。

大肠杆菌有菌体抗原(O)、表面(荚膜或包膜)抗原(K)和鞭毛抗原(H)三种。目前已有173个O抗原、99个K抗原、56个H抗原。新的致病性大肠杆菌血清型不断出现,病原性大肠杆菌具有复杂的抗原结构。这些致病性大肠杆菌特别是引起仔猪消化道疾病的大肠杆菌,多能产生毒素,引起仔猪发病。大肠杆菌产生多种毒素,如内毒素、肠毒素、致水肿毒素和神经毒素。肠毒素是造成腹泻的主要因素。大肠杆菌产生两种肠毒素，一种是热敏肠毒素，另一种是热稳定肠毒素。致水肿毒素和神经毒素引起仔猪水肿病。大肠杆菌为肠杆菌科埃希氏菌属中的大肠埃希氏菌。本菌对外界因素抵抗力不强，60℃15分钟即可死亡，一般消毒药均易将其杀死。从各个地区报道的大肠杆菌血清型来看，差异较大。各个地方的优势血清型也有所不同。其O抗原型因不同地域和时期而有变化，但在同一地点的同一流行中，常限于1～2个型。其中能引起仔猪发病有O8、O45、O38、O141、O9、K88等血清型。

2. 流行病学

病猪和带菌猪是主要传染源，通过粪便排出病菌，污染水源、饲料以及母畜的乳头和皮肤，当仔猪吃奶、舐舔或饮食时经消化道感染。大肠杆菌是家畜肠道中的常在菌，广泛存在于被粪便污染的地面、饮水、饲料和用具中，仔猪随着吃奶、喂食经消化道感染。仔猪黄痢、白痢季节性不明显，黄痢在猪场一次流行后，往往经久不断，发病季节多集中于产仔旺季、炎夏和寒冬，潮湿多雨季节发病较严重，分散饲养的发生较少。仔猪水肿病以4～5月和9～10月较为多见。幼龄猪对本类疾病易感。主要发生在出生至断乳期。仔猪黄痢新生24小时内猪仔最易感染发病。一般出生后3天左右发病，最迟不超过7天。在梅雨季节也有出生后12小时发病的。仔猪白痢多发生于10～30日龄的仔猪，以6～12日龄为最多，7日龄以内及30日龄以上的猪很少发病。仔猪水肿病主要发生于断奶期，以断奶后1～2周为多见。

近年来本病又有新的流行特点，发病日龄不断增加。据调查各地情况看，40～50公斤的猪也有水肿病发生。在冬、春两季气温骤变、阴雨连绵或保温不良及母猪乳汁缺乏时发病较多。一窝仔猪有一头发病后，其余的往往同时或相继发生。圈舍污染、消毒不彻底、卫生条件差、吃初乳不足、冷热不定、饲料品质不良、母猪饲料突然改变及母乳汁太浓、太稀或过多、过少均能引起本病的发生和流行。产后2周的仔猪，虽然还在吃奶，但母乳中的抗体已经开始下降，抗病力降低，是仔猪白痢病暴发的重要原因。据观察，水肿病多发生在饲料比较单一而缺乏矿物质（主要为硒）和维生素（B族及维生素E）的猪群。集约化猪场猪群密度过大、通风不良、饲管用具及环境消毒不彻底是不容忽视的原因。仔猪黄痢在全国各地的猪场都有发生，但疾病严重程度各不相同。新发病的猪场，发病率往往与胎次无关。但在常年发病的猪场，该病主要发生于头胎仔猪。也有部分母猪连续数胎仔猪都发生本病。但一般情况下接连二、三窝仔猪发病以后，以下各窝可能逐渐停止。母猪年龄愈大，其仔猪的发病率愈低。头胎母猪所产仔猪发病严重，随着胎次的增加，仔猪发病率逐渐减轻。这是由于母猪长期感染大肠杆菌而逐渐产生了对该菌的免疫力。在新建猪场，本病的危害严重，之后发病率逐渐减轻。仔猪水肿病与体质有关，而且多发于采食旺盛、个体肥胖的小猪，吃得越多、长得越壮的猪发病率和死亡率越高，说明水肿病与采食状态有相当的关联性。

仔猪黄痢在一窝仔猪中发病率高达90%以上、病死率50%以上，有时可达100%，随着日龄的增长，发病率和死亡率逐渐减少。发生仔猪白痢时，一窝仔猪发病数为30%～80%，属于良性病，但也有死亡率高达10%～60%者。仔猪水肿病则多呈地方流行性，发病率10%～35%，致死率很高。

3. 临床症状

（1）仔猪黄痢　本病主要发生于1周龄内的新生仔猪，是初生仔猪一种常见传染病，多发于新母猪所产的仔猪。临床上以排黄色水样粪便和迅速死亡为特征。初期突然1～2头仔猪表现全身衰弱，呈昏迷状态，很快死亡。以后其它仔猪相继发病，排出黄色浆状稀粪。内含凝乳小片，有腥臭味，肛门呈红色、松弛，消瘦快，脱水，皮肤皱缩，眼球下陷，昏迷死亡。

（2）仔猪白痢　病猪突然发生腹泻，排出浆状或糊状的粪便，色乳白、灰或黄白，有特异的腥臭味，性黏腻，腹泻次数不等，食欲降低，发育迟滞。病程长短不一，短的2～3天，长者1周左右，能自行康复，死亡的很少，少数达2周以上。

（3）仔猪水肿病　主要发生于断乳仔猪，小至数日龄、大至4月龄也偶有发生。病猪突然发病，精神沉郁，食欲减少，口流白沫，体温无明显变化，病前1～2天有轻度腹泻，后便秘。心跳疾速，呼吸快而浅，后来慢而深。喜卧地、肌肉震颤，不时抽搐，四肢作游泳状，呻吟，站立时拱腰，发抖。前肢如发生麻痹，则站立不稳；后肢麻痹，则不能站立。行走时四肢无力，共济失调，步态摇摆不稳，盲目前进或作圆圈运动。水肿是本病的特殊症状，常见于脸部、眼睑、结膜、齿龈、颈部、腹部的皮下。有的病猪没有水肿变化，病程短的仅仅数小时，一般为1～2天，也有长达7天以上的。病死率约90％。

4．病理变化

（1）仔猪黄痢　最显著的病变为肠道急性卡他性炎症，其中以十二指肠最为严重。尸体呈脱水状态，干而消瘦，皮下常有水肿，肠道臌胀，有多量黄色液状内容物和气体，肠黏膜呈急性卡他性炎症，肠壁变薄、松弛，以十二指肠最严重，空肠、回肠次之；肠系膜淋巴结有弥漫性小点出血，肝、肾有凝固性小坏死灶；有的脑内有软化灶。

（2）仔猪白痢　病理剖检无特异性变化，一般呈表面消瘦和脱水等外观变化。尸体外表不洁、苍白、消瘦。结肠内容物呈浆状、糊状或油膏状。色乳白或灰白，黏腻，常有部分黏液附于黏膜上，而不易完全擦掉。小肠内容物无明显变化，含有气泡。胃内乳汁凝结不全，含有气泡，肠系膜淋巴结轻度肿胀。肝浑浊肿胀，心肌柔软，心冠脂肪胶样萎缩，肾苍白。部分肠黏膜充血，肠壁菲薄而带半透明状，肠系膜淋巴结水肿。仔猪水肿病：全身多处组织水肿，特别是胃壁黏膜水肿是本病的特征。胃壁黏膜水肿多见于胃大弯和贲门部。水肿发生在胃的肌肉和黏膜层间，切面流出无色或混有血液而呈茶色的渗出液，或呈胶冻状。水肿部分的厚度不一致，薄者仅能察见，厚者可达3厘米左右。大肠肠系膜水肿、结肠肠系膜胶冻状水肿亦很常见。此外，大肠壁、全身淋巴结、眼睑和头颈部皮下亦有不同程度的水肿。除了水肿病变外，胃底和小肠黏膜、淋巴结等有不同程度的充血，心包、胸腔和腹腔有程度不等的积液。

（3）仔猪水肿病　特征性的病变是胃壁、结肠肠系膜、眼睑和脸部及颌下淋巴结水肿。胃内充满食物，黏膜潮红，有时出血，胃底区黏膜下有厚层的透明水肿，有带血的胶冻样水肿浸润，使黏膜与肌层分离，水肿严重的可达2～3厘米，严重的可波及贲门区和幽门区。大肠系膜、胆囊、喉头、直肠周围也常有水肿，淋巴结水肿、充血、出血、心包和胸腹腔有较多积液，暴露于空气则凝成胶冻状。肾包膜水肿、膀胱黏膜轻度出血、出血性肠炎变化常见。

5. 诊断

根据流行病学、临床症状和病理变化可做出初步诊断，确诊需要进行细菌学检查。注意与仔猪红痢、猪传染性胃肠炎、猪流行性腹泻、轮状病毒感染等的鉴别诊断。

（1）血清型鉴定　用已知大肠杆菌的单因子血清进行鉴定。血清学诊断要点：大肠杆菌病的血清学诊断要在病原分离的基础上进行。大肠埃希氏菌的血清型很多，所以在一般的诊断中不进行血清学鉴定，只有在流行病学调查中血清学鉴定才有一定的价值。

（2）肠毒素检查　可用于仔猪黄痢分离病原并作血清型鉴定。若分离株具有黏着素K抗原和能产生肠毒素即可确诊。肠毒素的测定方法很多，主要用10日龄仔猪进行肠段结扎试验。

6. 防制措施

对大肠杆菌引起的三种疾病应该统一有序地采取综合防制。大肠杆菌在三个不同的仔猪生长阶段引起的疾病具有一定的内在联系，尤其大肠杆菌血清型方面有很大相同或相似之处，不能完全分割开来防治，而要考虑其整体性，并注意研究其区别点。

（1）预防

① 疫苗免疫。目前我国已研制成功预防仔猪大肠杆菌腹泻的K88-LTB基因工程活菌苗（简称MM活菌苗），有K88、K99、

987P、F41 的单价或多价灭活菌苗,在母猪产前 4～6 周免疫,使新生仔猪通过哺乳获得保护。

②自家灭活菌苗。由于大肠杆菌的血清型很多,因此有条件的猪场可通过分离本场的致病菌制成灭活菌苗,这样针对性较强、效果好。

③抗血清的被动免疫。利用分离的致病菌株制成的抗血清或经产老母猪的血清对初生仔猪进行注射或口服,可减少疾病的发生。

④药物预防。可在仔猪出生后全窝用抗菌药口服,连用 3 天,预防发病。

⑤加强饲养管理。注意提高产房的温度,严防受凉。要让仔猪吃足初乳,做好卫生和消毒工作,保持猪舍环境的清洁、干燥。

(2)治疗 由于仔猪发病日龄小,病程急,药物治疗效果不理想。不过一旦出现腹泻,马上对整窝猪药物预防治疗,可减少损失。本菌易产生耐药性,应先做药敏试验,选最敏感的药物治疗。磺胺嘧啶 0.2～0.8 克、三甲氧苄氨嘧啶 40～160 毫克、活性炭 0.5 克,混匀,分 2 次喂服,每天 2 次,至愈。庆大霉素,口服,每千克体重 4～11 毫克,1 天 2 次;肌内注射,每千克体重 4～7 毫克,1 天 1 次。环丙沙星,每千克体重 2.5～10.0 毫克,1 天 2 次,肌注。硫酸新霉素,每千克体重 15～25 毫克,每天 2～4 次。

六、猪轮状病毒病

猪轮状病毒病是一种猪的急性肠道传染病,是由猪轮状病毒引起的,主要发生于哺乳仔猪和断奶仔猪,主要症状为厌食、呕吐、下痢,中猪和大猪为隐性感染,没有临诊症状。在大多数养猪国家都有轮状病毒的存在,由此引起的腹泻疾病给养殖场带来一定的经济损失。猪轮状病毒被分为四个血清群(A、B、C、E),猪主要是受到轮状病毒 A 群的感染。

1. 病原

本病的病原体为呼肠孤病毒科、轮状病毒属的猪轮状病毒。人和各种动物的轮状病毒在形态上无法区别。本属病毒略呈圆形，由11段双股RNA片段组成，有双层衣壳，直径65～75纳米。其中央为核酸构成的核心，内衣壳由32个呈放射状排列的圆柱形壳粒组成，外衣壳为连接于壳粒末端的光滑薄膜状结构，使该病毒形成车轮状外观，故命名为轮状病毒。各种动物和人的轮状病毒核衣壳具有共同的抗原，即群特异性抗原，可用补体结合、免疫荧光、免疫扩散和免疫电镜检查出来。轮状病毒可分为A、B、C、D、E、F、G 7个群，其中C群和E群主要感染猪，而A群和B群也可感染猪。

轮状病毒是一种无囊膜病毒，对外界环境和理化因素的抵抗力较强。它在18～20℃的粪便和乳汁中能存活7～9个月；在室温中能保存7个月；加热60℃时，需30分钟才能存活，但在63℃条件下30分钟即可失活；对pH3～9最稳定，能耐超声振荡和脂溶剂；但0.01%碘、1%次氯酸钠和70%酒精则可使之丧失感染力。

2. 流行特点

本病可感染各种年龄的猪，感染率最高达90%～100%，但在流行地区由于大多数成年猪都已感染而获得免疫。因此，发病猪多是2～8周龄的仔猪，病的严重程度和死亡率与猪的发病年龄有关，日龄越小的仔猪，发病率越高。发病率一般为50%～80%，病死率一般为1%～10%。病猪和带菌猪是本病的主要传染源，但人和其它动物也可散播本病。轮状病毒主要存在于病猪及带毒猪的消化道，随粪便排到外界环境后，污染饲料、饮水、垫草及土壤等，经消化道途径使易感猪感染。粪便排毒4天，病毒在粪便中存活7～32个月。轮状病毒在环境中持续存在为轮状病毒持续感染猪群提供了条件。本病多发生于晚秋、冬季和早春，呈地方性流行。据报道，轮状病毒感染是断奶前后仔猪腹泻的重要原因。如与其它病原如致病性大肠杆菌及冠状病毒混合感染时，病的严重性明显增加。

3. 临床症状

本病的潜伏期一般为12～24小时。病初，病猪精神沉郁，食欲不振，不愿走动，有些乳猪吃奶后发生呕吐，继而腹泻，粪便呈黄色、灰色或黑色,为水样或糊状。症状的轻重决定于发病猪的日龄、免疫状态和环境条件,缺乏母源抗体保护的产后几天的乳猪症状最重,环境温度下降或继发大肠杆菌病时,常使症状变得严重,病死率增高。接种1~5日龄的无菌猪,无继发感染的情况下,腹泻会持续3~7天,在7~14天内逐渐恢复。死亡率可达到50%~100%。接种7~21天日龄的猪,腹泻和脱水症状比较轻,死亡率也低。一般接种28日龄的轮状病毒仅引起轻微腹泻,持续1~1.5天。

4. 病理特征

小肠的变化最明显,主要是由轮状病毒在绒毛上皮细胞增殖,破坏绒毛上皮细胞,以及随后的适应性和再生性引起。眼观病变比腹泻出现略早或与腹泻同时出现,腹泻以1~14日龄的仔猪最为严重。胃通常含有食物,小肠的后1/2~2/3壁薄、松弛、膨胀,内有水状、絮状黄色或灰白色液体。小肠后2/3没有食糜,壁薄、松弛、膨胀。肠系膜淋巴结小,呈棕褐色。21日龄或21日龄以上的猪只,眼观病变较轻或无眼观病变。

镜检以空肠及回肠的病变最为明显。其特征为绒毛萎缩而隐窝伸长。健康乳猪的肠绒毛细长,上皮完整呈柱状。而病猪感染后24~27小时,绒毛明显缩短、变钝,常有融合,黏膜皱襞顶端绒毛萎缩更为严重,上皮由柱状变为立方形或扁平状、胞浆中出现小空泡变性变化。随着病情的发展,绒毛吸收上皮变性、坏死,被覆在黏膜成为黏液成分;部分脱落的上皮被增殖的立方上皮取代,黏膜固有层中淋巴细胞及网状细胞增多;48小时后见隐窝增生而肥厚、伸长;感染96小时,小肠绒毛又开始增生、伸长,168小时基本恢复正常。

5. 诊断要点

依据流行特点、临床症状和病理特征,如发生在寒冷季节,病猪多为幼龄仔猪,主要症状为腹泻,剖检以小肠的急性卡他性炎症为特征等,即可做出初步诊断。但是引起腹泻的原因很多,在自然病例中,既有轮状病毒、冠状病毒等病毒的感染,又有大肠杆菌、沙门菌等细菌的感染，从而使诊断工作复杂化。因此，必须通过实验室检查才能确诊。实验室检查的方法是：采取仔猪发病后24小时内的粪便，装入青霉素瓶，送实验室做电镜检查或免疫电镜检查。由于它可迅速得出结果，所以成为检查轮状病毒最常用的方法。另外，也可采取小肠前、中、后各一段，冷冻，供免疫荧光或免疫酶检查。

诊断本病应与猪传染性胃肠炎、猪流行性腹泻和大肠杆菌病等进行鉴别。

猪传染性胃肠炎由冠状病毒引起，各种年龄的猪均易感染，并出现程度不同的症状；10日龄以内的乳猪感染后，发病重剧，呕吐、腹泻、脱水严重，死亡率高。剖检见胃肠变化均较重，整个小肠的绒毛均呈不同程度的萎缩；而轮状病毒感染所致小肠损害的分布是可变的，经常发现肠壁的一侧绒毛萎缩而邻近的绒毛仍然正常。

猪流行性腹泻由类冠状病毒所致，常发生于1周龄乳猪，病毒腹泻严重，常排出水样稀便，腹泻3～4天后，病猪常因脱水而死亡；死亡率高，可达50%～100%。剖检见小肠最明显的变化是肠绒毛萎缩和急性卡他性肠炎变化。组织学检查，上皮细胞脱落出现在发病的初期，据称于发病后的2小时就开始；肠绒毛的长度与肠腺隐窝深度的比值由正常的7∶1降到2∶1或3∶1。

仔猪白痢由大肠杆菌引起，多发于10～30日龄的乳猪，呈地方性流行，无明显的季节性；病猪无呕吐，排出白色糊状稀便，带有腥臭气味；剖检见小肠呈卡他性炎症变化，肠绒毛有脱落变化，多无萎缩性变化，革兰氏染色时，常能在肠腺腔或绒毛检出大量大肠杆菌。本病具有较好的治疗效果。

仔猪黄痢由大肠杆菌所致，常发生于1周内的乳猪，发病率和死亡率均高；少有呕吐，排黄色稀便；剖检见急性卡他性胃肠炎变化，其中以十二指肠的病变最为明显，胃内含有多量带酸臭的白色、黄白色甚至混有血液的乳凝块；组织学检查可检出大量大肠杆菌。发病仔猪的病程较短，一般来不及治疗。

仔猪副伤寒由沙门菌引起，主要发生于断奶后的仔猪，1个月以内的乳猪很少发病。病猪的体温多升高，呕吐较轻，病初便秘，后期下痢。剖检见急性病例呈败血症变化；慢性病例有纤维素性坏死性肠炎变化，与本病有明显的区别。

6. 治疗

目前无特效治疗药物，只能辅以对症治疗。通常的方法是：发现病猪后立即停止喂乳，以葡萄糖盐水或葡萄糖甘氨酸溶液（葡萄糖43.2克、氯化钠9.2克、甘氨酸6.6克、柠檬酸0.52克、枸橼酸钾0.13克、无水磷酸钾4.35克，溶于2升水中）给病猪自由饮用，借以补充电解质，维持体内的酸碱平衡。同时，服用收敛止泻剂，防止过度的腹泻引起脱水；使用抗菌药物以防止继发细菌性感染。尽早、尽快使用此法，一般都可获得良好效果。

7. 预防措施

预防本病目前尚无有效的疫苗，主要依靠加强饲养管理，提高母猪和乳猪的抵抗力；在本病流行的地区，母猪多因曾被感染而获得了一定的免疫力，因此，尽快让新生猪早吃初乳，接受母源抗体的保护，以减少发病和减轻病症。据报道，一定量的母源抗体只能防止乳猪腹泻的发生，不能消除感染及以后的排毒。因此，保持环境清洁、定期消毒、通风保暖是预防本病的重要措施。油佐剂苗于怀孕母猪临产前30天肌内注射2毫升；仔猪于7日龄和21日龄各注射1次，注射部位在后海穴（尾根和肛门之间凹窝处）皮下，每次每头注射0.5毫升。弱毒苗于临产前5周和2周分别肌内注射1次，每次每头1毫升。另外，可以口服弱毒苗免疫，提高机体免疫力，减少肌注免疫应激。

七、仔猪渗出性皮炎

仔猪渗出性皮炎是一种仔猪的高度接触性皮肤疾病，以皮肤大面积出现渗出浆液或黏液并结痂为特征。

1. 病原

本病原为猪葡萄球菌，为革兰阳性球菌。

2. 流行病学

本病多见于 5~6 日龄的哺乳仔猪，也可见于育成猪和母猪乳房上。本病可通过各种途径感染，破裂和损伤的皮肤黏膜是主要的入侵门户。死亡率一般不高。但严重病例可达到 60%。一般病例 30~40 天可康复。本病在一些猪群的各窝仔猪可呈流行性发作。

3. 症状

仔猪感染后 4~6 天发病，病初，首先在肛门和眼睛周围、耳郭、腹部等无毛部位出现水泡，水泡迅速破损，渗出清凉的浆液或黏液。在 2~3 天内扩展到全身各处，触摸可感觉皮温升高。随病程的延长，渗出液与皮屑、皮脂和污垢混合，干燥后形成鳞片状结痂，在猪皮肤上覆盖一层厚厚的、灰棕色的结痂，有痒感。被毛白色的仔猪，灰色的结痂与白色的被毛相间呈现斑驳样外观，油腻，有臭味。痂皮脱落后，露出鲜红色创面。

4. 诊断

根据流行特点和临床症状可初步作出诊断，如果要确定引起发病的病原，需要在实验室进行细菌分离。

5. 防制措施

（1）对仔猪渗出性皮炎分离的致病猪葡萄球菌的耐药性分析发现，对头孢类抗生素和丁胺卡那霉素敏感，因此，可选用长效头孢噻呋进行保健预防。

（2）选用广谱、安全、高效的消毒药对进产房前的母猪进行严格消毒；在母猪产前、产后 7 天使用利高霉素进行保健，以减少猪葡萄球菌从母猪垂直传播给仔猪。

（3）减少仔猪的伤口途径感染，做好哺乳仔猪皮肤破损的健康保护，如：减少断奶后的混群，预防仔猪咬斗造成的感染风险。

八、仔猪断奶腹泻

1. 病原

（1）传染性胃肠炎　是由猪仔染性胃肠炎病毒引起的一种急

性、高度接触性传染病。养猪场发生此病后很难彻底消除。该病多发生在每年1～2月和10～12月，天气剧变和饲料突然改变往往是发病的导火索。仔猪在哺乳期内由于从母猪中获得免疫力而得到保护，较少发生此病。而断奶后的仔猪失去了母源抗体保护，加之断奶应激反应，容易发生此病。

（2）细菌性大肠杆菌腹泻　大肠杆菌是存在于猪消化道内的常在菌，早期寄生在仔猪结肠内。哺乳期因母源抗体及乳中其它抑制物的存在抑制了该菌的繁殖。当仔猪断奶后，仔猪肠道黏膜形态发生变化，消化酶水平下降，对饲料营养物质消化吸收减少，蛋白质在肠道后段腐败发酵增多，母源抗体供应中断，免疫力下降。这些变化为致病大肠杆菌的大量繁殖提供了条件，因此断奶仔猪容易发生大肠杆菌性腹泻。

（3）应激反应性腹泻　外界气温剧变、仔猪断奶时受到捉拿及圈舍调换的刺激、饲料的突然改变（由吃温热易消化的液体母乳变成吃干饲料）、由依附母猪生活变成完全独立生活等因素引起仔猪应激性反应。由于断奶仔猪体重小、体内神经调节机制还没有发育完全成熟，对外界因素的刺激适应性较差，容易造成消化机能紊乱，同时胃肠道机能发育不完善也是致病因素。

2. 流行特点

本病因病因不同会出现不同的流行特点。患病动物和带毒者是主要的传染源，能够通过粪便排泄病原，污染水、饲料、空气及母畜的乳头皮肤，使仔猪通过吮吸等途径感染。本病四季均可发生，多发于冬春季节，反复流行。

应激性腹泻多发生于猪群某些条件发生大的变化之后，出现个体或群体的腹泻，发病急，但是持续时间短。

3. 临床表现与特征

流行性腹泻，断奶仔猪突然出现呕吐、严重腹泻，粪便有强烈的腥臭味，pH值小于7，同时发病急、传播快，其它年龄段的猪也受到感染而发病。根据以上临床症状可初步判断为传染性仔猪腹泻。

大肠杆菌性腹泻常发生于断奶后 5～14 天的仔猪，猪群采食量显著下降并出现水样腹泻。一些猪出现尾部震颤，直肠温度正常，脱水，饮欲增强，鼻盘、耳和腹部发绀。

应激性腹泻以排出未消化完全的稀粪为主，一般对仔猪的精神影响不大，死亡率不高，但仔猪体重会急剧下降。

4. 临床诊断

根据发病时间及临床特征可作出初步诊断。确诊需要实验室进行病毒和细菌检测。一般采集发病猪的肠组织及内容物进行检测。

5. 治疗

（1）补充体液　只要仔猪有食欲，可配制电解质水溶液供其饮用。具体配方：纯葡萄糖 13.5 克、氯化钠 2.6 克、枸橼酸钠 2.9 克、氯化钾 1.5 克，加水 1000 毫升。饮用电解质水可调节神经-体液平衡，增强机体抵抗力，达到降低应激反应、提高体重的效果。

（2）抗生素治疗　对因断奶应激、继发大肠杆菌感染的仔猪腹泻可使用抗生素药物治疗。2.5% 恩诺沙星注射液，0.1 毫升/公斤体重，肌内注射，2 次/天，连用 3 天；先锋 9 号注射液，2 万～3 万单位/公斤体重，肌内注射，2 次/天，连用 2 天。

（3）血便的治疗　仔猪腹泻，粪便中出现血液，首选药物是痢菌净，0.5 毫升/公斤体重，肌内注射，2 次/天，连用 2 天，效果良好。

6. 预防

（1）创造适合仔猪生长的合适保育条件　为了使仔猪尽快适应断奶后新的生活环境条件，发挥其正常的生长发育能力，创造良好的保育条件十分重要。断奶仔猪适宜的环境温度是 21～22℃，41～60 日龄为 21℃，60 日龄以上为 20℃。冬春寒冷季节，特别是饲养在开放或半开放猪舍的仔猪要采取保温措施。当前适合农户养猪条件的保温设施是简易木制保温箱，安装远红外线灯提供热源，实践证明效果很好。温度是影响仔猪保育效果的重要因素之一。潮湿有利于病原微生物繁殖，可引起仔猪多种疾病。断奶仔猪舍适宜的相对湿度为65%～75%。农户养仔猪的保育圈舍一般是使用传统的水泥地面,条件差,导热快,排粪、排尿容易污染饮水和饲料。所以猪舍内外要经常清扫、定期消毒、杀灭病菌,防止传染病发生。有条件的农户,猪场可使用全漏粪栏的保育猪舍。由于粪尿、污水能随时通过漏缝网格漏到粪尿沟内,减少了仔猪接触污染源的机会,床面清洁卫生、干燥,能有效遏制仔猪腹泻病的发生和传播。

(2)营养合理 营养不良是断奶仔猪腹泻的主要原发性病因。可在仔猪哺乳期10日龄左右实行强制补料措施,使其及早建立"免疫耐受力"。实践证明,仔猪断奶前至少采食600克饲料才能使消化系统受到日粮刺激,断奶后腹泻明显下降。实行24日龄断奶的仔猪,如果细致管理、补饲方法正确,完全可以补饲进600克以上的乳猪饲料,使仔猪断奶后适应植物饲料,安全度过腹泻期。

(3)药物预防保健 仔猪断奶后可以使用抗生素类药物进行预防,如庆大霉素、青霉素、土霉素、四环素、环丙沙星、氧氟沙星等。虽然应用抗生素预防仔猪腹泻的发生可以取得较好的效果,但是不能忽略药物在体内残留和产生耐药性的问题,因此尽量减少抗生素的使用。对于病毒性腹泻,目前没有特效药,主要采取加强管理和血清治疗相结合的防治方法。采取对症疗法、饲喂敏感抗生素等方法可以防止继发感染、降低病毒性腹泻的死亡概率。

(4)严格消毒制度 从病因分析,仔猪断奶腹泻疾病的发生,是由仔猪抗病力下降和大肠杆菌大量繁殖引起的,或者是病毒入侵造成的,所以应建立严格的消毒制度。哺乳期坚持每周两次带仔猪消毒,断奶后进入保育阶段每周至少安排一次带猪消毒。猪舍门应设脚踏消毒池,洒入2%氢氧化钠溶液,出现病死仔猪要及时进行无害化处理,防止疾病扩散。

九、仔猪贫血

1. 病因

仔猪出生后,生长发育迅速,造血机能旺盛,铁需要量大,猪乳中的含铁量有限（仔猪正常生长每日需铁约7毫克，而母乳每日仅能提供1毫克铁），圈养的圈舍多为水泥或木板地，仔猪从外界摄取的铁量少。猪饲养管理不合理，即母猪料中缺少铁、铜等元素。由于仔猪饲养管理不善及环境影响而致仔猪发生腹泻、机能紊乱等，影响微量元素及营养成分的吸收。很多养殖户由于受传统养猪的影响，缺乏补铁意识。仔猪慢性消化不良、寄生虫病等也是导致仔猪贫血症发生的重要原因。

2. 临床表现与特征

本病发展缓慢，当铁缺少到一定程度时出现贫血，有缺氧和含铁酶及铁依赖酶活性降低的表现。仔猪出生8～9天出现贫血现象，血红蛋白降低，皮肤及可视黏膜苍白，被毛粗乱，食欲减退，昏睡，呼吸频率加快，吮乳能力下降，轻度腹泻，精神不振，影响生长发育，并对某些传染病的抵抗力降低，容易继发白痢、肺炎或贫血性心脏病而死亡。

3. 临床诊断

根据仔猪生活的环境条件及日龄、皮肤及可视黏膜苍白、血液稀薄如水、肝脏肿大、出现土黄杂色斑、脾稍肿大、质地较硬、肾实质变性、血红蛋白量显著减少、红细胞量下降等特征进行诊断。

4. 治疗

治疗原则为补充外源铁质。目前给仔猪补铁最有效的方法是采用内服铁制剂和肌内注射铁剂，直接进行补铁。口服铁制剂：在产后第5天开始，间隔数天，共二、三次向母猪乳房及乳房周围涂抹含硫酸亚铁的淀粉或其配制的糊剂，让仔猪通过哺乳吸食。内服可用硫酸亚铁。

5. 预防

预防本病，应加强妊娠母猪的饲养管理，给予富含蛋白质、矿物质、无机盐和维生素的饲料。一般饲料中铁的含量较为丰富，应尽早训练仔猪采食。1周龄时即可给仔猪开食补饲，补喂铁铜含量较高的全价颗粒饲料，或在补饲槽中放置骨粉、食盐、木炭末、红土、鲜草根、铁铜合剂粉末，任其自由采食。

无论仔猪还是母猪，补铁都要适量。补铁不要与四环素、抗胆碱类药物、维生素 E 等同时服用，以免影响铁元素的吸收。补铁同时最好补充维生素 B_{12}，有助于仔猪对铁元素的吸收。

十、僵猪

1. 病因

（1）先天原因　由于近亲繁殖，造成猪后代品种退化、生长发育不健全。另外种猪的年龄过大、体质消瘦、交配过多、精子质量不好等原因也会导致后代发育不良，容易形成僵猪。

妊娠母猪饲养管理不当、营养不全或营养不良、饲料单一，不能满足胎儿正常生长发育的需要，生长发育受阻，造成先天不足，出生后表现为初生体重小、体弱，导致僵猪。

（2）后天原因　主要是后天人为对仔猪的护理不当和疾病等。后天的人为护理对仔猪的生长是极为重要的。如果仔猪出生后没有得到固定的乳头或者母猪的乳汁不够，就会直接影响仔猪的后天发育和生长。断奶后，食物不能合理分配，造成强者多食、弱者少食的情况，就会使仔猪长期处于饥饿状态，久而久之形成了僵猪。另外，疾病也是造成僵猪很重要的一个原因，如黄痢、白痢、慢性胃肠炎、副伤寒、营养性贫血、水肿病、喘气病、白肌病、猪瘟、寄生虫病、痘病及其它慢性病等。据临床统计，各种疾病造成僵猪的比例高达 31.2%。

（3）其它原因　内分泌功能低下或紊乱，使仔猪发育不良，也会造成僵猪。仔猪饲养密度过大、管理粗放，或圈舍寒冷潮湿，乳汁和补料的大量营养物质需要用来维持仔猪体温恒定，用来生长发育的很少，致使仔猪生长发育严重受阻而形成僵猪。

2. 临床表现与特征

被毛粗乱，体格瘦小，只有同群猪的 1/3～1/2 重，肚子圆，脑袋大，屁股尖，精神不振，只吃不长，皮肤粗糙，贫血，可视黏膜苍白,有异嗜现象,增重十分缓慢。有些猪6月龄仅有20公斤左右。

3．临床诊断

僵猪的诊断不难,依据发病史和临床症状结合日龄与体重参数可以确诊。

4．治疗

首先把僵猪分圈饲喂,针对病因采取相应的治疗措施。给僵猪一个良好的环境条件,注意清洁卫生,适当运动,少吃多餐。日粮中适当添加动物性蛋白质饲料如鱼粉或蚕蛹、鱼虾汤等,或料中添加速解康等,适当补充微量元素添加剂、青绿饲料。同时注意驱虫、健胃、注射促长剂(如甲状腺素、脑下垂体前叶素等)帮助解僵。同时对无治疗价值的猪要及时淘汰,以减少经济损失。

5．预防

(1) 加强母猪妊娠期和泌乳期的饲养管理　要供给母猪全价配合饲料,保证母猪每天能得到足够的蛋白质、能量、维生素和矿物质供给,使仔猪在胚胎阶段先天发育良好,后天吃到充足的乳汁,在哺乳期生长迅速、发育良好,提高初生重。对初生体重过轻、生活能力差的仔猪加强护理。避免近亲繁殖和过早过老交配,要选血缘关系远的公母猪进行交配。

(2) 及时驱除仔猪体内外寄生虫和预防疾病。

(3) 固定奶头　人工辅助固定奶头,促进弱小仔猪发育。在仔猪出生后可人工辅助固定奶头,让强壮、体重较大的吃后面的奶头,体重弱小的仔猪吃前面的奶头,从而防止仔猪体重相差悬殊,提高仔猪的均匀度,防止僵猪的产生。

(4) 顺利断奶　保持环境条件稳定,减少对仔猪的应激,采用"留仔不留母"的方式,断奶时将母猪赶走,仔猪原圈不动,使它在熟悉的环境下生活。断奶后的饲料和饲养人员都应维持相对稳定。待断奶仔猪的精神、食欲、粪便都正常之后,再逐渐减少饲喂次数和逐渐改变饲料、饲养制度和进行调栏、混栏等工作。换料至少要1周时间，如果圈舍够用，最好原圈饲养。

（5）搞好猪舍环境卫生　仔猪圈舍要勤打扫、勤消毒，做到温暖、清洁、干燥、空气新鲜、阳光充足，给仔猪创造良好的环境，并适当运动。

参考文献

[1] 齐默尔曼等. 猪病学. 10版. 赵德明,等译. 北京:中国农业大学出版社,2015.
[2] 史利军. 育肥猪常见病特征与防控知识集要. 北京:中国农业科学技术出版社,2015.
[3] 史利军. 母猪常见病特征与防控知识集要. 北京:中国农业科学技术出版社,2016.
[4] 史利军. 小型猪健康养殖与疾病防控知识集要. 北京:中国农业科学技术出版社,2016.
[5] 蔡宝祥. 家畜传染病学. 四版. 北京:中国农业出版社,2001.
[6] 冯力. 猪病鉴别诊断与防治. 北京:金盾出版社,2005.
[7] 李文刚,甘孟侯. 猪病诊断与防治. 北京:中国农业大学出版社,2006.
[8] 陆江宁. 猪病防治. 北京:科学出版社,2013.
[9] 轩玉峰,郑文革. 母猪生产保健技术. 河南:河南科学技术出版社,2013.
[10] 姚龙涛. 猪病毒病. 上海:上海科学技术出版社,2000.
[11] 杨本升,刘玉斌,苟仕金,等. 动物微生物学. 吉林:吉林科学技术出版社,1995.
[12] 于桂阳,王美玲. 养猪与猪病防治. 北京:中国农业大学出版社,2011.
[13] 叶文华. 猪瘟病毒致病机制及猪瘟诊断防控. 吉林畜牧兽医,2024,1:40-42.
[14] 张天才. 猪口蹄疫的发病症状与防控措施. 今日畜牧兽医,2024,1:23-25.
[15] 李俊. 猪蓝耳病的流行特点及综合防控策略. 今日养猪业,2024,3:46-49.
[16] 张冬梅. 猪丹毒的临床诊断及防治措施. 中国动物保健,2024,4:7-9.
[17] 徐畅. 猪链球菌病的综合防治. 中国动物保健,2024,3:13-14.
[18] 孟换换. 猪肺疫的诊断与防治. 吉林畜牧兽医,2023,9:23-24.
[19] 孙伟. 猪传染性胸膜肺炎的预防与治疗. 中国动物保健,2024,3:17-18.
[20] 郭敏. 猪附红细胞体病的诊断与防治. 畜禽业,2024,4:74-76.
[21] 李仰沙. 仔猪副伤寒的诊治分析. 中国动物保健,2024,5:24-25.
[22] 宋树峰. 猪球虫病的发生特点及防治措施. 兽医与保健,2023,5:88-89.
[23] 王永. 猪弓形虫病的诊断与防治. 中国畜牧业,2024,3:99-100.
[24] 李佳. 猪胃肠炎的防治措施. 猪业观察,2023,3:92-93.

[25] 张明雪. 猪感冒的病因及防控要点. 今日畜牧兽医, 2022, 5: 7-8.

[26] 张宇. 断奶母猪乏情的治疗和预防措施. 吉林畜牧兽医, 2023, 10: 67-68.

[27] 台艳丰. 母猪子宫内膜炎的病因及防治措施. 当代畜牧, 2023, 12: 119-120.

[28] 王新. 母猪假妊娠的病因及防治措施. 中兽医学杂志, 2015, 12: 1.

[29] 廖中华. 母猪流产病因病机及防控对策. 现代畜牧科技, 2024, 5: 98-100.

[30] 韦正龙. 母猪便秘的病因和防控措施. 今日畜牧兽医, 2024, 3: 26-28.

[31] 曲丽静. 母猪胎衣不下综合防治技术. 吉林畜牧兽医, 2023, 7: 37-38.

[32] 陈腾. 母猪胎衣不下的原因及其综合防治措施. 养猪, 2023, 5: 94-96.

[33] 李佳. 母猪产后瘫痪的病因分析及防治措施. 猪业观察, 2023, 5: 82-83.

[34] 孙才兵. 母猪乳腺炎的发病原因及治疗. 中国动物保健, 2023, 12: 15-16.

[35] 尚亚丹. 初生仔猪死亡的主要原因及应对措施. 吉林畜牧兽医, 2020, 3: 13-14.